W0261062

# Die wirtschaftliche Regelung von Drehstrommotoren durch Drehstrom-Gleichstrom-Kaskaden

Von

## Dr.-Ing. H. Zabransky

Mit 105 Textabbildungen

Berlin
Verlag von Julius Springer
1927

ISBN 978-3-642-50623-9     ISBN 978-3-642-50933-9 (eBook)
DOI 10.1007/978-3-642-50933-9

# Vorwort.

Das vorliegende Buch versucht, eine umfassende Darstellung der Drehstrom-Gleichstrom-Kaskaden zu geben, wie sie bisher noch fehlte. Unter Verwertung der praktischen Erfahrungen vieler Jahre behandelt der Verfasser die Theorie, Betriebseigenschaften und Anwendungsmöglichkeiten dieser Kaskaden, die eine der vielen Methoden zur möglichst verlustlosen Drehzahlreglung von Drehstrom-Asynchronmotoren bilden. Im Abschnitt D wird schließlich durch eine systematische theoretische Untersuchung allgemein festgestellt, inwieweit eine wirtschaftliche Regelung von Drehstromantrieben durch diese Aggregate erzielt werden kann.

Wenn der weitaus größere Teil des Buches die „Kaskade mit Hintermotor" behandelt, so soll dies kein Werturteil gegenüber der „Kaskade mit Umformer" sein. Diese ist keineswegs von untergeordneter Bedeutung, wenn auch ihre praktische Anwendung beschränkter ist. Nach der ausführlichen Darlegung jener mußten jedoch, da beiden Kaskaden viele Eigenschaften gemeinsam sind, Wiederholungen vermieden werden.

Als Unterlage für die Arbeit, insbesondere für den Abschnitt „Wirtschaftliche Untersuchungen" diente das Material der Allgemeinen Elektrizitätsgesellschaft.

Der Verfasser möchte schließlich an dieser Stelle nicht versäumen, den Herren Dr. Hillebrand, Heymann und Pascher für die freundliche Überlassung der im Abschnitt E wiedergegebenen Zeichnungen und Abbildungen ausgeführter Maschinen der AEG herzlichst zu danken.

In etwas verkürzter Form wurde dies Buch auch als Dissertation verwendet.

Berlin, im November 1926.

**Hans Zabransky.**

# Inhaltsverzeichnis.

# A. Einleitung.

So einfach und billig in Ausführung und Betrieb, so geeignet für Hochspannung und große Überlastbarkeit der Drehstrommotor gegenüber dem Gleichstrommotor auch ist, so war er diesem doch lange Zeit unterlegen, wenn es sich um möglichst verlustlose und leichte Regelung seiner Drehzahl handelte.

Zwar kam bereits in den ersten Anfängen des Induktionsmotors, der zuerst als Kurzschlußläufer ausgebildet wurde, Dolivo-Dobrowolsky (A.E.G.) im Jahre 1889 anläßlich des Baues der ersten Schleifringanker auf die Drehzahlreglung durch Einschalten von Widerstand in den Läuferkreis[1]), jedoch nimmt dabei die Wirtschaftlichkeit des Motors proportional mit der Tourenzahl ab. Es war damals eine ganz neue Tatsache, daß ein von Wechselstrom betriebener Motor in der Geschwindigkeit regelbar ist; trotzdem erfolgte keine deutsche Patenterteilung.

Zahlreiche Erfinder beschäftigten sich seitdem mit der Aufgabe, durch Änderung der Polzahl oder durch die verschiedenartigsten Kaskadenschaltungen eine Drehzahländerung bei Drehstromasynchronmotoren herbeizuführen.

Als erster beschreibt Dr. Krebs (D.R.P. 54967 v. 21. 1. 1890) eine Umschaltung der Primärwicklung, die anfänglich als Grammesche Ringwicklung ausgeführt wurde, zwecks Erzielung verschiedener Polzahlen und Geschwindigkeiten.

Um den bei Widerstandsreglung im Rotor verloren gehenden Teil der Leistung wiederzugewinnen, leitet Görges (D.R.P. 73050 v. 16. 3. 1893) die Schlupfenergie nicht in einen Widerstand, sondern speist mit ihr den Stator eines zweiten Asynchronmotors, dessen Läufer entweder kurzgeschlossen oder mit einem Regelwiderstand zwecks weiterer Drehzahlreglung verbunden ist oder schließlich auch den Stator eines dritten Motors speist. Es können die primären oder auch die induzierten Wicklungen umlaufen; ferner sind beide Maschinen mechanisch gekuppelt, um ein stabiles System zu erhalten. Man erspart die Schleifringe, wenn der induzierte Teil des ersten und der induzierende Teil des zweiten Motors auf einer Welle sitzen. Diese Kaskade aus zwei oder mehreren Drehstrommotoren nimmt eine der Summe der Polzahlen der Maschinen entsprechende Tourenzahl an. Diese Methode liefert einen guten Wir-

---

[1]) ETZ 1917, S. 356.

kungsgrad, jedoch einen schlechten Leistungsfaktor und eine wesentliche Verminderung der Überlastbarkeit bei der niedrigen Drehzahl.

Den Gedanken der Umschaltung der Primärwicklung nach D.R.P. 54967 übertragen Dahlander & Lindström (D.R.P. 98417 v. 12. 2. 1897) auf die Trommelwicklung. Jede Phasenwicklung besteht aus zwei Teilen, die bei der größeren Polzahl in Reihe, bei der kleineren parallel geschaltet sind. Man erhält also zwei Drehzahlen im Verhältnis 1 : 2.

Ritter erreicht (D.R.P. 102499 v. 2. 8. 1898) verschiedene Geschwindigkeiten dadurch, daß die Feldwicklungen des Motors durch Unterbrechung oder Vertauschung geeigneter Verbindungen von der Dreieck- in die Sternschaltung umgeschaltet werden.

D.R.P. 109208 v. 18. 11. 1898 zeigt den regelbaren doppeltgespeisten Motor von Siemens & Halske, dessen Ständer Drehstrom konstanter Netzfrequenz erhält, dessen Läufer jedoch von einem durch einen regelbaren Gleichstrommotor angetriebenen Synchrongenerator mit verschiedener Periodenzahl gespeist wird, wodurch sich die Drehzahl des Drehstrommotors beliebig ändern läßt.

Eine andere Art, eine zweite Drehzahl zu erhalten und zwar die doppelte, gibt Prof. Kloß an (D.R.P. 109986 v. 20. 6. 1899). Der Läufer wird parallel oder in Reihe mit dem Ständer ebenfalls an das Netz gelegt, so daß in ihm ein dem Drehfeld im Ständer entgegengesetzt laufendes Drehfeld entsteht.

Während bei den polumschaltbaren Motoren nach D.R.P. 54967 und 98417 die Umschaltung erst nach Abschaltung des Motors und so schnell erfolgen muß, daß kein Stillstand eintritt, enthält D.R.P. 112094 v. 24. 5. 1899 (Schuckert & Co.) eine Wicklungsanordnung derart, daß jede Phase aus zwei voneinander unabhängigen Teilen besteht, von denen einer stets unter Strom und nicht umgeschaltet bzw. unterbrochen wird, indessen der andere Teil wechselnden Strom führt. Jedes Wicklungssystem arbeitet für sich und zwar für die gleiche kleinere Polzahl; nach der Umschaltung entsteht die doppelte Polzahl. Die Funken am Umschalter und die Rückwirkung auf die Primäranlage sind hier wesentlich vermindert, da eine wirkliche Stromunterbrechung nicht eintritt.

Um mehrere Polzahlen zu erzeugen, bringt Lamme (D.R.P. 115452 v. 12. 4. 1900) im primären Teil mehrere voneinander getrennte und unabhängige Wicklungen an, deren Drehfelder verschiedene Polzahlen erzeugen.

Von demselben rührt eine besondere Art der Widerstandsreglung her (D.R.P. 118581 v. 29. 7. 1900). An die Schleifringe des Läufers wird die mit mehreren Anzapfungen versehene Primärwicklung eines Transformators gelegt, seine Sekundärwicklung ist über einen konstanten Widerstand geschlossen. Durch Schalthebel wird das Übersetzungsverhältnis des Transformators und somit die Schlüpfung des Motors geändert.

Durch die Kaskadenschaltung zweier Drehstrommotoren mit verschiedener Polzahl nach D.R.P. 73050 sind drei verschiedene Geschwindigkeiten einstellbar, die je der Polzahl des ersten und zweiten sowie der Summe der Polzahlen beider Motoren entsprechen. In D.R.P. 130227 v. 28. 3. 1901 gibt Danielson an, daß eine vierte Drehzahl, die der Differenz der Polzahlen beider Motoren entspricht, erhalten wird, wenn das Drehfeld in der Sekundärwicklung des Motors 1 (z. B. Rotor 1) dieselbe Richtung wie in der Primärwicklung des Motors 2 (Rotor 2) hat. Wenn jedoch Rotor 1 mit Ständer 2 verbunden ist, müssen zu diesem Zweck beide Drehfelder entgegengesetzte Richtung haben. Das resultierende Drehmoment wird dabei gleich der Differenz der Drehmomente beider Motoren. Dieses Verfahren kann auch auf mehrere Motoren angewendet werden.

D.R.P. 161533 v. 10. 5. 1904 der Felten-Guilleaume-Lahmeyer-Werke beschreibt eine Schaltung, die die allmähliche Geschwindigkeitsreglung eines Drehstrommotors auf beliebige Werte ermöglicht. Der Läufer des Asynchronmotors schickt die Schlupfenergie in die Schleifringe einer von außen mit konstanter Tourenzahl angetriebenen asynchronen Zwischenmaschine, deren Ständer eine mit dem Drehstrommotor mechanisch gekuppelte Synchronmaschine speist. Durch Änderung der Erregung der letzteren wird die Geschwindigkeit des Asynchronmotors geregelt, wobei auch auf übersynchrone Drehzahlen eingestellt werden kann.

Anknüpfend an frühere Erfindungen gibt D.R.P. 166842 v. 20. 2. 1903 (F.G.L.-Werke) eine Kaskadenschaltung zweier Drehstrommotoren an, deren beider Ständer vom Netz gespeist werden und deren Läufer mechanisch und elektrisch verbunden sind. Die beiden Asynchronmotoren haben gleiche oder verschiedene Polzahlen bei verschiedener Frequenz des zugeführten Stromes. Im letzteren Fall sind 7 verschiedene Geschwindigkeitsstufen einstellbar. Von der Belastung ist hierbei die Drehzahl unabhängig, die Kaskade verhält sich also wie ein Synchronmotor.

Zwei Jahre später fällt dann das äußerst wichtige D.R.P. 169453 der F.G.L.-Werke vom 19. 3. 1905, welches die Geschwindigkeitsreglung von Asynchronmaschinen durch mechanisch gekuppelte Hilfsmotoren behandelt. Der Drehstrommotor wird durch größere oder kleinere Energieentnahme aus dem Läufer mehr oder weniger zum Schlüpfen gebracht, diese entnommene Schlupfleistung wird in einer mit dem Motor gekuppelten, leicht regelbaren Wechselstromkommutatormaschine — durch Bürstenverstellung oder mittels eines dem Ständer vorgeschalteten regelbaren Transformators — in mechanische Arbeit umgewandelt und an der Welle des Hauptmotors nutzbar gemacht. Der Wechselstromkollektormotor braucht hierbei nur für eine durch den größten Schlupf bestimmte, relativ zum Hauptmotor jedoch kleine Leistung und Periodenzahl bemessen werden, was für diese Motoren äußerst günstig ist.

In einem Zusatz (D.R.P. 174247 v. 4. 7. 1905) zu diesem Patent wird eine Schaltung angegeben, um die mit der Belastung des Hilfsmotors wachsende Phasenverschiebung zu beseitigen.

Eine Umwandlung der Schlupfenergie in Gleichstrom ohne Verwendung eines besonderen Umformers erzielt D.R.P. 170910 von Meinicke v. 10. 12. 1904 dadurch, daß sich auf einem mit dem Drehstrommotor verbundenen Kommutator synchron mit dem Ständerfeld umlaufende Bürsten befinden, aus deren Sammelringen der mit dem Asynchronmotor auf einer Welle sitzende Gleichstrommotor gespeist wird.

D.R.P. 179525 v. 19. 7. 1905 stellt die sogenannte Scherbiuskaskade dar. In Anlehnung an D.R.P. 169453 arbeitet hier der vom Schlüpfungsstrom gespeiste Wechselstromkommutatormotor jedoch nicht auf die Welle des Hauptmotors zurück, sondern der Hilfsmotor treibt für sich einen Generator an, der auf das Netz zurückarbeitet. Bei großen Hauptmotoren werden somit große, langsamlaufende, daher teure Hilfsmotoren vermieden, ferner ist der Nachteil beseitigt, daß Hilfs- und Hauptmotor nebeneinander stehen müssen (eventueller Platzmangel); schließlich sind etwaige Kommutierungsschwierigkeiten ebenfalls umgangen, da hier die Hilfsmotoren stets konstante Drehzahl haben.

Zu dieser Zeit kam eine, noch heute sehr gebräuchliche und beliebte Reglungsart von Induktionsmotoren, nämlich die mittels der Drehstrom-Gleichstromkaskade auf, die im folgenden eingehend in ihrer Schaltung, Arbeitsweise, Verwendungsmöglichkeit, Berechnung und Wirtschaftlichkeit behandelt werden soll.

Es wird hierbei durch Kombination normaler Maschinen erreicht, den bei Drehzahlreglung von Asynchronmotoren nicht zu verhindernden auftretenden Verlust an Schlupfleistung wieder zu gewinnen. Wir haben grundsätzlich zwei Arten von Drehstrom-Gleichstromkaskaden zu unterscheiden. Beide haben die Zuführung der Schlupfenergie des Drehstrommotors in einen Einankerumformer zwecks Umwandlung des Drehstroms in Gleichstrom gemeinsam. Diese Leistung dient nun in einem Falle zur Speisung eines Gleichstrommotors, der als sogenannter Hintermotor mit dem Drehstrommotor, dem sogenannten Vordermotor, mechanisch gekuppelt ist und der somit die Schlupfenergie in Form mechanischer Arbeit nutzbar an die Welle des Hauptmotors zurückliefert.

In dem andern Fall wird der vom Einankerumformer erzeugte Gleichstrom zum Antrieb eines Motorgenerators verwendet, der die

Schlupfenergie auf die Frequenz und Spannung des Drehstromnetzes umformt und sie an dieses in Form elektrischer Arbeit zurückgibt.

Die erste Reglungsart heißt nach ihrem Erfinder „Krämerschaltung" oder auch „Kaskade mit Hintermotor", die zweite „Scherbiusschaltung" oder „Kaskade mit Umformer".

Während die Krämerkaskade auf D.R.P. 177270 der Felten-Guilleaume-Lahmeyer-Werke vom 3. 12. 1904 beruht, hat die Gleichstromkaskade nach Scherbius als solche keine patentrechtliche Unterlage, da ihr Grundgedanke einerseits in dem oben beschriebenen D.R.P. 179525, das als die eigentliche Scherbiuskaskade die Reglung von Asynchronmotoren mittels vom Schlüpfungsstrom angetriebener Hilfsmotoren, die nicht mit dem Hauptmotor gekuppelt sind, bezweckt, anderseits im Krämerpatent, das die Nutzbarmachung der Schlupfenergie durch Verwandlung in Gleichstrom verwendet, enthalten ist.

Im folgenden wird nun zuerst die Kaskade nach Krämer ausführlich behandelt.

# B. Die Krämerkaskade.

Es war bereits durch die sogenannte Konverterkaskade (D.R.P. 155860 v. 24. 12. 1903) bekannt, die zwecks Reglung eines Wechselstrommotors dem Läufer entnommene elektrische Energie in Gleichstrom umzuformen und diesen unter Abgabe mechanischer Arbeit nutzbar zu machen. Bisher trieb der Gleichstrommotor jedoch für sich eine zweite Maschine an, um seine Energie aufzubrauchen; Krämer machte nun den weiteren Schritt und kuppelte mechanisch diesen Gleichstrommotor mit dem zu regelnden Induktionsmotor.

## 1. Schaltung und Arbeitsweise.

Die Schaltung der Krämerkaskade ist aus Abb. 1 ersichtlich. Der Rotor des vom Drehstromnetz gespeisten normalen Induktionsmotors (1) liegt mit seinen Schleifringen an denen des Einankerumformers (3), und zwar ist bis ca. 600 kW Wellenleistung der Einankerumformer dreiphasig, bei größeren Leistungen sechsphasig ausgeführt. In letzterem Fall, der in Abb. 1 dargestellt ist, wird der Rotor offen geschaltet und mit 6 Schleifringen versehen. Der vom Umformer erzeugte Gleichstrom wird dem mit dem Vordermotor gekuppelten Gleichstromhintermotor (2) zugeführt. Sowohl Einankerumformer als auch Gleichstrommotor haben fremd erregte Felder, die von einem besonderen Gleichstromnetz bzw. von einem an das Drehstromnetz angeschlossenen kleinen Erregerumformer gespeist und mittels der mit Kurzschlußkontakten versehenen Reglern (5) und (6) eingestellt werden.

Die Inbetriebsetzung der Kaskade geschieht folgendermaßen. Bei getrennter Verbindung von Drehstrommotor und Einankerumformer wird zuerst der Vordermotor (1) durch den dreipoligen Flüssigkeits-

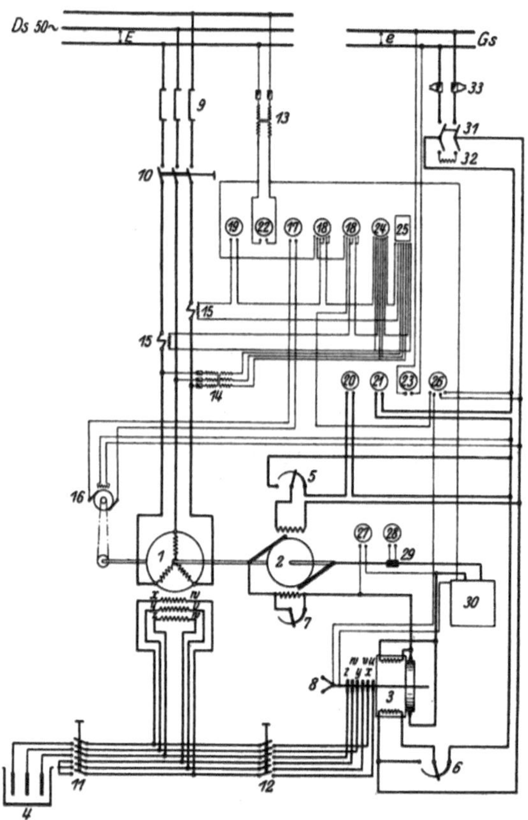

Abb. 1. Krämerkaskade.

anlasser (4) normal angelassen und auf seine höchste Leerlaufdrehzahl gebracht. Nunmehr wird durch den Schalter (12) der bereits vorher voll erregte Einankerumformer in den Stromkreis gelegt, der wegen der sehr geringen Schlupfperiodenzahl als Motor asynchron anläuft und allein in Synchronismus kommt. Bei einer Anordnung der Dämpferstäbe in Form eines Gitterwerkes geht dieses An- und Hochlaufen in Synchronismus bei Leerlauf noch bei einem Schlupf von 1% — unter Annahme eines 50-Perioden-Drehstromnetzes läuft der Umformer dann mit $^1/_2$ Periode — ohne weiteres von statten. Der Anlaßstromkreis wird jetzt durch Öffnen des Schalters (11) unterbrochen, und das Feld des bisher völlig unerregten Hintermotors eingeschaltet.

Die Reglung der Drehzahl des Vordermotors erfolgt in einfacher Weise durch Änderung des Feldes am Hintermotor. Wird z. B. die Erregung verstärkt, so wächst seine Gegen-EMK, die der vom Einankerumformer aufgedrückten Spannung entgegenwirkt. Während im Gleichgewichtszustand der Umformer seinen ganzen Strom in den Hintermotor schickt, drückt nun der am letzteren entstehende Spannungsüberschuß zunächst einen zusätzlichen Strom in den Anker des Umformers. Das dadurch im letzteren hervorgerufene Drehmoment dient zur Beschleunigung des Einankerumformers, so daß dessen Periodenzahl und Ankerspannung zunehmen.

Dies wirkt auf den Rotor des Vordermotors zurück, dessen Schlupf also vergrößert wird. Ferner versucht der Hintermotor infolge seines verstärkten Feldes langsamer zu laufen und die Kaskade zu bremsen, was gleichfalls auf Vermehrung des Schlupfes im Drehstrommotor wirkt. Das Gleichgewicht stellt sich ein, wenn die Spannung des Einankerumformers so groß geworden ist, daß sie der Gegen-EMK des Hintermotors das Gleichgewicht hält und die Welle das verlangte Drehmoment abgibt. Wird umgekehrt das Feld des Hintermotors geschwächt, so nimmt seine Gegen-EMK ab, und der Einankerumformer liefert infolge seines Überschusses an Spannung als Generator einen zusätzlichen Strom an die Hintermaschine. Diese vermehrte Energieabgabe kann nur vom Schwungmoment seiner rotierenden Masse gedeckt werden, so daß seine Drehzahl, Periodenzahl und somit auch seine Spannung abnehmen. Dies wirkt auf den Vordermotor derart zurück, daß dieser sich auf einen kleineren Schlupf einstellt. Im gleichen Sinne auf den Drehstrommotor wirkt die Verkleinerung der Erregung direkt dadurch, daß der Hintermotor schneller zu laufen versucht und die Kaskade beschleunigt. Der stabile Zustand ist wieder hergestellt, wenn die Spannungen im Einankerumformer und Hintermotor sich in Gleichgewicht halten und das verlangte Drehmoment von der Kaskade geliefert wird. Man hat also die Möglichkeit, jede beliebige Drehzahl der Kaskade innerhalb des vorgesehenen Regelbereiches durch Änderung der Feldstärke im Hintermotor einzustellen.

Die Größe des Hintermotors hängt von dem Regelbereich ab, denn je größer der Schlupf des Vordermotors ist, desto größer ist die Energie, die dem Rotor vom Hintermotor entnommen werden muß. Die vom Stator auf den Rotor des Drehstrommotors übertragene Energie wird teils mechanisch auf die Welle, teils elektrisch auf Einankerumformer und Hintermotor weitergeleitet. Sehen wir von den Verlusten in den Maschinen ab und ist $L_0$ die Luftspaltleistung des Vordermotors, $s$ sein Schlupf in %, so ist die an die Welle **mechanisch** abgegebene Leistung:

$$L_m = L_0 \cdot \frac{100 - s}{100},$$

die auf den Rotor **elektrisch** übertragene und vom Hintermotor mechanisch ebenfalls an die Welle abgegebene Leistung:

$$L_e = L_0 \cdot \frac{s}{100},$$

für welche Leistung der Hintermotor zu bemessen ist. Die gesamte, an die Welle abgegebene Leistung ist also:

$$L_m + L_e = L_0 \cdot \frac{100 - s + s}{100};$$
$$L_m + L_e = L_0.$$

Unter der Voraussetzung, daß die Luftspaltleistung des Vordermotors und somit der dem Drehstromnetz entnommene Strom bei allen Drehzahlen der Kaskade konstant sind, ergibt sich also die wichtige Tatsache, daß bei jeder Drehzahl an die Welle dieselbe Leistung abgegeben wird, d. h. die Krämerkaskade arbeitet mit konstanter Leistung und mit der Drehzahl umgekehrt proportional wachsendem Drehmoment.

Da sowohl Rotorleistung als auch Rotorspannung dem Schlupf proportional sind, ist auch die Größe des Gleichstromes bei gleichbleibender Kaskadenleistung für jede Drehzahl konstant.

Bezüglich der in Abb. 1 dargestellten genauen Schaltung einer Krämerkaskade ist folgendes zu bemerken: Der Gleichstromhintermotor kann Nebenschluß- und Kompoundcharakter haben. In letzterem Fall besitzt er außer der fremderregten Wicklung eine Hauptstromwicklung, die durch einen Reguliershunt (7) geregelt werden kann. Wenn die für Drehstrom-Gleichstromkaskaden verwendeten Einankerumformer für eine normale Frequenz von 25 Per, entsprechend einer Reglung des Vordermotors auf die halbe synchrone Drehzahl, ausgelegt sind, erhält der Umformer einen Zentrifugalschalter (8), der bei irrtümlichem Schalten des Umformers auf das 50 Per-Netz oder bei sonstigem Ansteigen der Frequenz auf unzulässige Höhe — wenn z. B. der Hauptmotor an Spannung liegt und der Umformer bereits bei stillstehendem Rotor mit dessen Schleifringen versehentlich verbunden wird — eine übermäßige schädliche Drehzahlerhöhung und ein Durchgehen verhindert. Die Drehzahl der Kaskade mißt ein Tourenvoltmeter (17), das von einer Tourendynamo (16) betätigt wird.

Um bei der immerhin nicht einfachen Schaltung Schaltfehler unmöglich zu machen bzw. Schädigungen der Maschinen zu verhindern, sind eine Reihe von Sicherungen und Verriegelungen anzubringen, die von einem am Gleichstromnetz liegenden Hilfsstromkreis betätigt werden, jedoch im Schaltschema der Übersichtlichkeit halber nicht eingezeichnet sind. Zu diesem Zweck ist der Ölschalter (10) mit Maximal- und Nullspannungs-Auslösung sowie mit einem Sperrmagnet versehen. Der Ölschalter (12) besitzt einen Sperr- und Ausschaltmagnet. Schließlich sind noch zwei Maximalrelais (18), ein Nullspannungsrelais (26) und ein Maximal-Fernschalter (30) mit Betätigungsschalter und Signalvorrichtung eingebaut. Durch diese Apparate wird erreicht, daß

   1. der Schalter (10) nur zu bewegen ist, wenn

      a) die Spannung $E$ vorhanden,

      b) der Schalter (12) offen und (11) geschlossen,

      c) der Regler (5) in Endstellung (kleinster Erregerstrom) ist;

   2. Schalter (12) ist nur eingeschaltet festzuhalten, wenn

      a) die Erregerspannung $e$ vorhanden und

      b) Schalter (10) geschlossen ist.

Bei Inkrafttreten des Zentrifugalschalters fliegt der Schalter (*10*) heraus. Damit beim Anlassen trotz des geöffneten Schalters (*12*) der Schalter (*10*) eingelegt werden kann, wird in der Endstellung des Reglers (*5*), der in (*12*) offene Nullspannungskreis des Schalters (*10*) durch (*5*) geschlossen.

Außerdem sind eine Anzahl von Meßinstrumenten eingebaut. Das Voltmeter (*22*) mißt über den Wechselstrommeßtransformator (*13*) die Spannung des Drehstromnetzes, das Amperemeter (*19*) über den Stromwandler (*15*) seinen Strom, Zähler (*24*) und Registrier-Wattmeter (*25*) über den Drehstrommeßtransformator (*14*) seine Leistung. Das Voltmeter (*23*) zeigt die Spannung des Gleichstromnetzes für die Erregung an, das Amperemeter (*21*) den gesamten Erregerstrom, Amperemeter (*20*) die Erregung des Hintermotors allein. Voltmeter (*27*) mißt die Gleichspannung am Einankerumformer und Amperemeter (*28*) über den Meßwiderstand (*29*) den Ankerstrom der Hintermaschinen. Die Hörnersicherungen (*33*) schützen den durch Schalter (*31*) einzulegenden Erregerkreis vor Überspannungen, (*32*) ist der zugehörige Funkenlöschwiderstand, (*9*) sind Trennschalter.

Schließlich wäre noch zu erwähnen, daß der Einankerumformer außer der fremderregten Feldwicklung noch eine selbsterregte besitzt, wie sie auch in Abb. 1 eingezeichnet ist. Ihr Zweck soll erst in dem Abschnitt über die Berechnung erläutert werden. Früher mußte diese selbsterregte Wicklung durch einen mit ihr in Serie geschalteten „Justierwiderstand" eingestellt werden, da wir jedoch jetzt die Größe der Selbsterregung genügend genau vorausberechnen können, ist dieser Justierwiderstand überflüssig geworden. Der Anlasser hat Verriegelungskontakte für die höchste und tiefste Elektrodenstellung.

Neben der verlustlosen Regelung des Drehstrommotors bietet die Krämerkaskade noch einen andern wesentlichen Vorteil: durch geeignete Verstärkung des Feldes des Einankerumformers schickt dieser voreilenden Blindstrom in den Rotor des Vordermotors. Dadurch wird der Blindstromverbrauch des Induktionsmotors ganz oder zum größten Teil gedeckt, das Aggregat arbeitet also mit einem Leistungsfaktor von 1 oder nahezu 1. Näheres darüber ist späteren Abschnitten vorbehalten.

Bezüglich der 3 Hauptmaschinen des Regulieraggregates sind verschiedene Einzelheiten zu beachten.

**a) Vordermotor.** Durch die Phasenverbesserung führt in Kaskadenschaltung der Stator einen kleineren, der Rotor indessen einen größeren Strom als beim Betrieb des Drehstrommotors allein. Je nach der Größe des Blindverbrauches im Vordermotor beträgt bei Kaskadenschaltung die Verkleinerung des Statorstromes 5—10 %, die Vergrößerung des Rotorstromes 6—20 %; als Mittelwerte kann man 8 % bzw. 10 % betrachten. Da der Motor aber auch für den Alleinbetrieb geeignet sein soll, wird die Statorkupfermenge nicht herabgesetzt gegenüber dem normalen Motor, das Rotorkupfer muß im Mittel dagegen um ca. 25 % verstärkt werden, da neben dem 10 % stärkeren Rotorstrom noch die schlechtere Ventilation des Läufers bei den niederen Drehzahlen berücksichtigt werden muß.

**b) Einankerumformer.** Aus einem später erläuterten Grund werden die Einankerumformer für Regelsätze meist ohne Wendepole ausgeführt, weshalb zwecks guter Kommutierung die Polleistung beschränkt ist und zwar beträgt sie bei einer Wicklung mit

1 Segment pro Nut . . . . . . . . . 85 kW pro Pol  
2 Segmenten pro Nut . . . . . . . 70 „ „ „  
3 Segmenten pro Nut . . . . . . . 50 „ „ „

In den Fällen wo Hilfspole angewandt werden können, dürfen diese Werte weit überschritten werden, bei derselben Leistung kann also der Umformer dann mit einer kleineren Polzahl ausgeführt werden, wodurch trotz der Hinzufügung der Wendepolwicklung eine wesentliche Verbilligung der Maschine erzielt wird.

Durch die Anordnung der Dämpferstäbe in Form eines Gitterwerkes ist es gelungen, noch bei einer kleinsten Periodenzahl von 2,5 Per. die Synchronisierkraft bei Vollast so groß zu machen, daß ein Außertrittfallen oder Pendelungserscheinungen nicht auftreten. Bei einem Gleichstrom-Nebenschluß-Hintermotor und einem 50 Per.-Drehstromnetz vermag man demnach die Kaskadendrehzahl der synchronen Tourenzahl des Vordermotors bis auf 5 % zu nähern.

Die Erregung wird stets so bemessen, daß voreilender Blindstrom in den Drehstrommotor gesandt wird, um den Leistungsfaktor des Aggregates möglichst auf 1 zu bringen. Wie wir in dem Abschnitt über die Berechnung der Krämerkaskade sehen werden, ist — eine Einstellung des $\cos \varphi$ der Kaskade auf 1 vorausgesetzt — die dazu nötige Voreilung des Umformerstromes um so größer, je näher die höchste Drehzahl der Kaskade an der synchronen Drehzahl des Asynchronmotors liegt, d. h. also je kleiner die geringste Periodenzahl des Umformers ist, da dann der Ohmsche Abfall im Rotor des Vordermotors relativ zur Rotorspannung sehr groß ist. Der maximal zulässige cos der Voreilung im Umformer beträgt bei Vollast nun wegen Pendelungsgefahr ca. 0,7. Bei Nebenschlußcharakteristik, wo wir mit dem minimalen Schlupf bis auf 2,5 Perioden gehen, und bei schlechtem $\cos \varphi$ des Drehstrommotors reicht diese Erregung oft nicht zur Einstellung des Leistungsfaktors der Kaskade auf 1 aus. Man muß sich dann mit einer Verbesserung des Leistungsfaktors auf nur 0,95—0,99 bei höchster Drehzahl des Aggregates begnügen. Ist der Hintermotor mit einer Kompoundwicklung versehen, um einen gewissen Tourenabfall von meist 8—10 % von Leerlauf bis Vollast herbeizuführen, so ist dadurch von selbst die niedrigste Frequenz auf ca. 5 Perioden begrenzt. Dabei ist dann immer $\cos \varphi = 1$ einstellbar, falls sich nicht bei den sehr langsam laufenden Kaskaden infolge des schlechten Leistungsfaktors des Vordermotors nur eine Verbesserung des Leistungsfaktors auf 0,97 bis 0,99 erreichen läßt, um nicht eine zu große Voreilung im Umformer zu erhalten. Je kleiner nun die Drehzahl eines Aggregates wird, desto geringer wird auch der relative Ohmsche Abfall im Rotor des Drehstrommotors bezogen auf die zugehörige Rotorspannung. Dadurch wird, wie später aus den Diagrammen ersichtlich ist, der im Einankerumformer zu erzeugende voreilende Blindstrom um so kleiner, je niedriger die Drehzahl des Vordermotors wird. Bei dem Übergang zu den niedrigeren Tourenzahlen der Kaskade kann man also die Phasenverbesserung von z. B. $\cos \varphi = 0,95$ Nach-

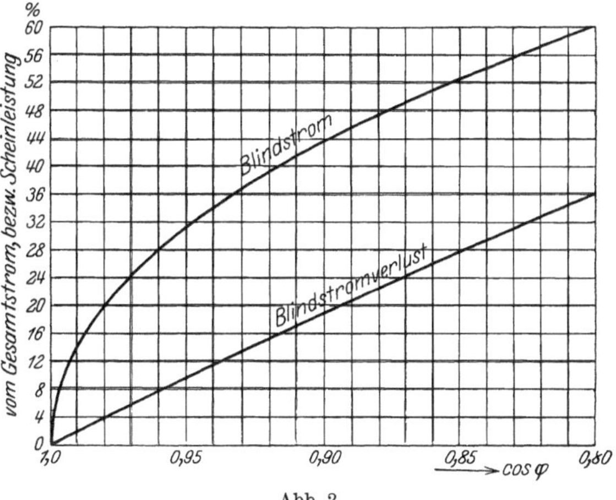


Abb. 2.

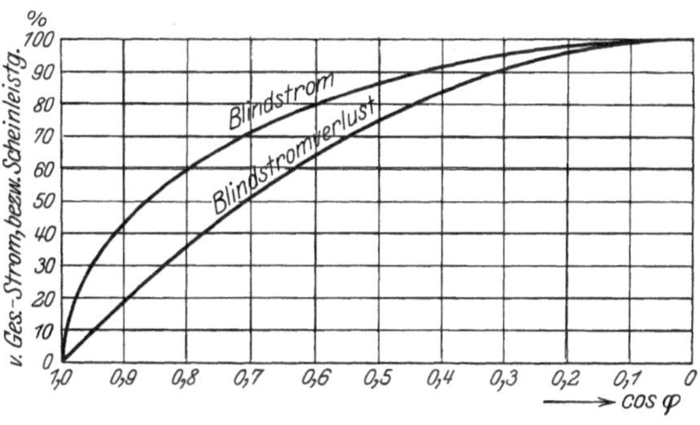


Abb. 3.

Abb. 2 und 3. Blindverbrauch.

eilung bei höchster Drehzahl allmählich bis auf $\cos \varphi = 1$ steigern. Wie wichtig es ist, möglichst den $\cos \varphi$ nicht nur auf 0,95—0,99, sondern auf 1 zu bringen, zeigen Abb. 2 und 3, wo in Abhängigkeit vom $\cos \varphi$ der prozentische Verbrauch an Blindstrom und Blindstromverlust bezogen auf den Gesamtstrom bzw. die Scheinleistung dargestellt ist. So beträgt bei einem $\cos \varphi$ von 0,99 der Blindstrom bereits 14 %, bei $\cos \varphi = 0,95$ sogar 31 % des Gesamtstromes! Der $\cos \varphi$ liefert also kein richtiges Bild von dem Verbrauch an Blindstrom, der doch für die liefernde Zentrale bezüglich der Generatorenabmessungen so wichtig ist.

Bei den kleineren dreiphasigen Umformern wird die Möglichkeit der Phasenverbesserung oft nicht durch Pendelungen bei zu großer Voreilung, sondern durch die Erwärmung des Ankers begrenzt, für die das Produkt (Strombelag · Stromdichte) im Anker $\times k$ maßgebend ist. Der Faktor $k$ ist der Verlustfaktor infolge Überlagerung von Gleich- und Drehstrom im Anker des Umformers und hängt sowohl von seiner Phasenverschiebung als auch Phasenzahl ab. Da er bei dreiphasigem Umformer 50—100% größer ist als bei sechsphasigem, so erzielt man bei den kleinen Umformern eine größere Voreilung, wenn sie statt dreiphasig sechsphasig ausgeführt werden.

Welche Wirkung die Phasenverbesserung auf die Verluste im Drehstrommotor hat, zeigt Abb. 4. Stator- und Rotorkupferverluste, die in Prozenten der Nennleistung für drei verschiedene Motorgrößen aufgetragen sind, haben ein sehr flaches Minimum; letztere steigen bei voreilendem $\cos \varphi$ sehr rasch an. Die Summe der Kupferverluste hat ihr Minimum bei etwa $\cos \varphi = 0,97$ bis 0,99 Nacheilung, das ebenfalls ziemlich flach ist, und steigt bei Voreilung stark an.

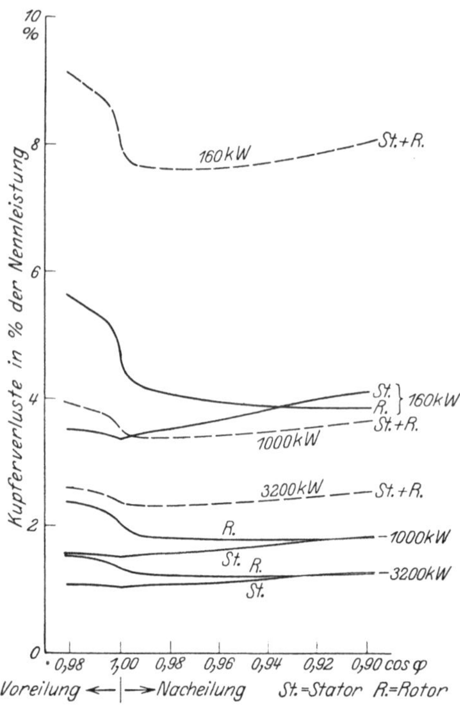


Abb. 4. Kupferverluste im Drehstrommotor.

Die Erregung des Einankerumformers soweit zu steigern, daß noch voreilender Strom in das Netz geschickt wird zur eventuellen Blindstromlieferung für andere Asynchronmaschinen, Transformatoren usw. ist unvorteilhaft, da einerseits die Pendelungsgefahr vergrößert wird, andererseits das Rotorkupfer im Vordermotor wesentlich, das Anker- und Erregerkupfer im Umformer ziemlich verstärkt werden muß und für letzteren sogar eventuell eine größere Type gewählt werden müßte, um die auftretende Erwärmung zu meistern. Der erreichte Vorteil würde diese Kosten nicht rechtfertigen; man begnügt sich also mit einer Phasenverbesserung auf maximal $\cos \varphi = 1$, wodurch gerade der Eigenblindverbrauch der Kaskade gedeckt wird.

**c) Hintermotor.** Wie bereits erwähnt, kann der Gleichstrommotor Nebenschluß- oder auch Kompoundcharakteristik erhalten, falls die Kaskade Tourenabfall von Leerlauf bis Vollast haben soll, damit bei Belastung vorhandene Schwungmassen (wie Schwungräder bei Walzenstraßen) ihre aufgespeicherte Energie teilweise abgeben können. Die Hauptstromwicklung besitzt einen Reguliershunt, der mit etwa 6 Stufen und einem Kurzschlußkontakt versehen ist, damit bei der höchsten Drehzahl der Kaskade ein minimaler Strom, bei der tiefsten Drehzahl ein maximaler Strom durch sie fließt. Näheres darüber folgt in dem Abschnitt über die Berechnung der Krämerkaskade.

Der Hintermotor wird stets mit Wendepolen, jedoch meist ohne Kompensationswicklung ausgeführt; nur bei sehr großen Regulierbereichen wird wegen Kommutierungsschwierigkeiten bei den oberen Drehzahlen der Kaskade die Verwendung kompensierter Maschinen nötig! Bei schnellaufenden Aggregaten ist auf gute Stromwendung bei der höchsten Drehzahl besonders zu achten. Bei langsam laufendem Drehstrommotor kann an Stelle der direkten Kupplung von Vorder- und Hintermotor die mechanische Verbindung mittels Riemen und Seiles treten, auch Zahnradantrieb ist möglich. Diese Anordnung gestattet die Aufstellung einer Krämerkaskade auch an den Stellen, wo in axialer Richtung kein Platz ist für zwei Maschinen. Ferner würde es die Verwendung eines schnellaufenden und daher billigeren Gleichstrommotors erlauben. Diese Art des Antriebes ist jedoch selten. Bei Riemen- und Seilantrieb muß auch der Hintermotor einen Zentrifugalschalter gegen die Gefahr des Durchgehens besitzen. Fällt nämlich der Riemen ab, so wird der Motor durch die zugeführte Energie beschleunigt, seine Gegen-EMK steigt, mithin auch die EMK des Einankerumformers, d. h. der Vordermotor vorzögert sich. Dies ginge solange bis der Vordermotor festgebremst ist und die Hintermaschinen durchgehen.

# 2. Anwendung der Krämerkaskade.

Unter den zahlreichen Verwendungsmöglichkeiten von regelbaren, durch Drehstrom betriebenen Motoren haben sich die Drehstrom-Gleichstromkaskaden vor allem drei Arbeitsgebiete erobert: sie dienen zum Antrieb von Walzwerken, ferner von großen Ventilatoren (für Gruben usw.), Kolben- und Zentrifugalpumpen, schließlich oft als Periodenumformer zur Kupplung eines Drehstromnetzes mit einem Wechselstrom- oder einem anderen Drehstromnetz.

Da bei Walzwerken konstante Leistung bei verschiedenen Drehzahlen verlangt wird, ist dafür die Krämerkaskade der geeigneteste Antrieb.

Bei Ventilatoren und Pumpen, wo die Leistung ungefähr mit der 3. Potenz der Drehzahl sinkt, wird neben der Krämerkaskade gern der

Scherbiussatz verwendet, wenn für die Kupplung zweier Maschinen kein
Platz vorhanden ist.

Für den Betrieb von Walzenstraßen hat die Kaskade erschwerte
Bedingungen zu erfüllen. Die Maschinen müssen für Walzwerksüberlastung gebaut sein, d. h. sie müssen Belastungsstöße von $100\,{}^0/_0$ eine
Minute lang alle $^1/_2$ Stunde ohne schädliche Erwärmung aushalten.
Das Kippmoment des Drehstrommotors muß also mehr als doppelt so
groß sein wie das normale Drehmoment. Ferner ist in den Hintermaschinen die Beanspruchung im Ankerkupfer (Strombelag und Stromdichte) niedriger zu wählen als bei normalem Betrieb, da sowohl Erwärmung als auch Kommutierung bei der 100%igen Überlastung zu
beherrschen sind. Auch die Isolation der Hintermaschinen ist stärker
als normal auszuführen.

Beim Hintermotor muß die Kommutierung bei $100\,{}^0/_0$ Überlast
im Kurzschluß noch einwandfrei sein, bei dem ohne Hilfspole ausgeführten Einankerumformer begnügt man sich mit guter Stromwendung bei 50% Überlast und kleinster Drehzahl der Kaskade.

**Anwendung von Hilfspoleinankerumformern.** In „Elektrotechnik u.
Maschinenbau" 1922, S. 121, behandelt W. Weiler die Beschleunigungs-
vorgänge in Drehstrom-Gleichstromkaskaden nach Krämer und
Scherbius und zeigt darin, daß bei plötzlicher Entlastung und Fehlen
genügender Schwungmassen der auftretende Beschleunigungsstrom die
Kommutierung im Wendepoleinankerumformer bedeutend verschlechtert, der infolge der magnetischen Trägheit der Hilfspolwicklung durch
die Dämpferstäbe der Drehzahlerhöhung des Vordermotors nicht schnell
genug folgen kann. In allen denjenigen Betrieben, die momentanen
starken Belastungsschwankungen ausgesetzt sind und bei denen die
zur Auffangung dieser plötzlichen Stöße nötigen Schwungmassen fehlen,
ist also die Verwendung von Hilfspolen bei den Einankerumformern
der Drehstrom-Gleichstromkaskaden für die Kommutierung des Umformers schädlich. Diese Verhältnisse treten vor allen Dingen oft bei
Walzenstraßenantrieben auf, wo wir dann mit wendepollosen Einankerumformern arbeiten. Dasselbe gilt für die Fälle, wo eine häufige
Drehzahlreglung unter Last stattfindet. Ein Maß für die Anpassungs-
fähigkeit des Umformers an plötzliche Drehzahländerungen unter
Vollast wird durch eine Zahl $m$ dargestellt, die sich ergibt aus:

$$m = \frac{G D_v^2}{G D_u^2} \cdot \left(\frac{p_u}{p_v}\right)^2,$$

wobei $G D_v^2$ das Schwungmoment der auf der Hauptwelle rotierenden
Masse ist — bei der Scherbiuskaskade Schwungrad und Drehstrommotor, bei der Krämerkaskade kommt der Hintermotor noch dazu —
$G D_u^2$ das Schwungmoment des Umformers, $p_u$ seine Polpaarzahl, $p_v$ die
des Vordermotors. $A W_w$ seien die Wendepol-$A W$, $A W_a$ die Anker-

rückwirkung. Der Segmentüberdeckungsfaktor sei $K$, die Reaktanzspannung $e$; das für die Beurteilung der Kommutierung maßgebende Produkt ist dann: $Ke$. Bei Walzwerksbetrieben, wo mit 100%igen Stößen zu rechnen ist, und daher die Stromwendung auch bei zweifachem Vollaststrom gut sein muß, ist dieses Produkt mit $2\,Ke$ einzusetzen. Nehmen wir in letzterem Fall für $2\,Ke$ einen maximal zulässigen Wert von 10 Volt bei $m = \infty$ an, und machen wir ferner vom zulässigen $2\,Ke$ wegen der Trägheit der Wendepole einen Abzug von 20%, so erhalten wir die in Abb. 5 dargestellte Beziehung von $m$ und dem zulässigen $2\,Ke$ bei verschiedenen Schlupfen und unter Annahme von $A\,W_w = 0{,}7\,A\,W_a$, $A\,W_w = 0{,}8\,A\,W_a$ bzw. $A\,W_w = 0{,}9\,A\,W_a$. In der Praxis wird in Betrieben mit zahlreichen Belastungsstößen bei einem Wert von $m$ kleiner als 8 stets der Umformer ohne Wendepole ausgeführt.

Für den Antrieb von Ventilatoren und Pumpen fallen diese schweren Anforderungen fort, die Maschinen müssen nur den allgemeinen Regeln für die Bewertung und Prüfung elektrischer Maschinen (REM) genügen. Der Vordermotor ist also für 1,6faches Drehmoment, die Hintermaschinen für 50% Überlast zu berechnen. Ob die Krämer-

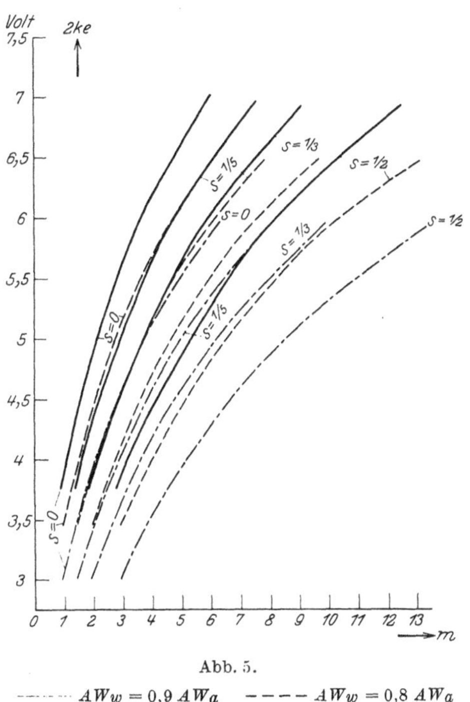


Abb. 5.

$\text{------}\ A\,W_w = 0{,}9\,A\,W_a$   $\text{-- -- --}\ A\,W_w = 0{,}8\,A\,W_a$
$\text{-- · -- · --}\ A\,W_w = 0{,}7\,A\,W_a$

oder Scherbiuskaskade vorteilhafter ist, ist meist nur eine Frage des Platzbedarfes, da wirtschaftlich die Krämerkaskade der von Scherbius unbedingt überlegen ist, wie später gezeigt werden wird.

Schließlich ist noch die Verwendung der Krämerkaskade als Periodenumformer zur Kupplung zweier Netze wichtig, wie er auf Seite 16 ff. beschrieben wird. Mittels des Periodenumformers wird Drehstrom einer gewissen Frequenz und Spannung in Dreh- oder Wechselstrom einer andern Frequenz und Spannung umgeformt, er hat also die Aufgabe, zwei Netze verschiedener Frequenz zu kuppeln, um Leistung von einem Netz auf das andere zu übertragen, in einer oder auch in beiden Richtungen. Je nachdem er Energie in nur einer oder in beiden Richtungen liefert, stellt der Periodenumformer für eines oder für beide Netze eine Reserve dar, die in steter Betriebsbereitschaft läuft. Die gekuppelten Netze können entweder beide oder nur eines durch Erzeugerstationen gespeist werden. Im ersteren Fall sind die Betriebsbedingungen schwieriger, da ein starres Frequenzverhältnis vorliegt. Kleine Frequenz- oder Spannungsschwankungen in einem der beiden Netze bewirken dann einen Ausgleich von Wirk- oder Blindleistung über das Umformeraggregat, das als Kupplungsglied dieser Beanspruchung genügen muß. Die Nennleistung des Periodenumformers, der nach der Größe der von einem Netz auf das andere zu übertragenden Energie bemessen wird, muß um einen weiteren Betrag erhöht werden, falls der Umformer auch zur Phasenverbesserung dienen soll.

Unter den verschiedenen Möglichkeiten, zwei Netze bezüglich Wirk- und Blindleistung, Frequenz und Spannung zu kuppeln, stellt der Asynchron-Synchron-Umformer mit Krämerkaskade, dessen Schaltung in Abb. 6 dargestellt ist, eine der heute gebräuchlichen Methoden dar, die den Anforderungen dieses Betriebes am meisten entspricht. Am Drehstromnetz $Ds$ liegt der Asynchronmotor (2), der mittels der Krämerkaskade [Hintermotor (4) und Einankerumformer (3)] verlustlos

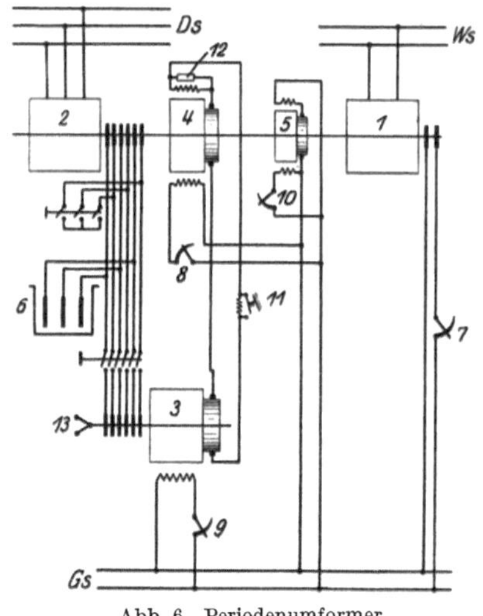



Abb. 6. Periodenumformer.

auf die synchrone Drehzahl des Synchrongenerators (1), der auf ein Einphasennetz $Ws$ arbeitet, herabreguliert wird. Außer dem Vorder- und Hintermotor der Krämerkaskade und dem Wechselstromgenerator sitzt noch die Gleichstromerregermaschine (5) direkt auf der gemeinsamen Welle, die die Erregung für den Synchrongenerator, den Einankerumformer und den Gleichstrommotor liefert. Mit diesem Aggregat kann ein Energieausgleich nach beiden Richtungen stattfinden. In einem Falle wird ein Teil der Energie des Asynchronmotors direkt zum mechanischen Antrieb des Synchrongenerators verwendet, der andere Teil, seine vom Einankerumformer in Gleichstrom umgewandelte und an den Hintermotor übertragene Schlupfenergie, durch die Krämerkaskade der Welle mechanisch wieder zugeführt und somit ebenfalls für den Antrieb der Synchronmaschine nutzbar gemacht; im andern Fall läuft Maschine (1) als Synchronmotor und treibt die Hintermaschine (4) als Generator an, deren Energie über den Einankerumformer dem Rotor der nun als Asynchrongenerator arbeitenden Maschine (*2*) zugeleitet wird.

Der Anlauf des Aggregates erfolgt von der Asynchronseite aus mittels des Rotoranlassers (*6*) in der bereits beschriebenen Weise; der Hintermotor ist zuerst unerregt. Mit Hilfe seines Nebenschluß-reglers (*8*) wird nun im Leerlauf die Krämerkaskade auf die synchrone Drehzahl des Synchrongenerators (*1*) herabreguliert, die Spannung des letzteren auf die des zu speisenden Netzes *Ws* gebracht und die Synchronmaschine schließlich in normaler Weise auf ihr Netz synchronisiert. Steigert man die Erregung des Hintermotors, so wirkt dies nicht wie bei der gewöhnlichen Krämerkaskade für Tourenreglung verzögernd auf den Vordermotor, da ja durch die Synchronmaschine dem Aggregat eine konstante Drehzahl aufgezwungen wird. Die Feldverstärkung ruft hier eine Erhöhung der EMK des Hintermotors hervor, sie übertrifft dann die Einankerspannung; bei Feldschwächung überwiegt die der Hintermaschine vom Einankerumformer aufgedrückte Spannung. Im letzteren Fall nimmt die Hintermaschine als Motor Energie vom Einankerumformer auf und gibt sie der Synchronmaschine weiter, die als Generator diese Energie in das Netz *Ws* liefert. Bei Feldverstärkung liefert umgekehrt die Hintermaschine Strom in den Einankerumformer, arbeitet somit als Generator, angetrieben vom Synchronmotor (*1*) und liefert seine Energie weiter in den Rotor der Asynchronmaschine, die sie in das Drehstromnetz *Ds* abgibt. Durch Verstellung des Reglers an der Hintermaschine haben wir es also in der Hand, eine größere oder kleinere Energiemenge in einer oder der andern Richtung durch das Kupplungsglied zu schicken. Bei Schwankungen der Periodenzahlen oder der Spannungen beider Netze puffert der Periodenumformer selbsttätig, jedoch schützt ihn eine auf dem Hintermotor angebrachte Gegenkompoundwicklung vor sehr großen Stromstößen bei plötzlichen Schwankungen; sie begrenzt also den Energieausgleich und somit die Pufferung des Hauptaggregates, je nach der Einstellung des Shunts (*12*). Kurzschlüsse werden also nicht von einem Netz auf das andere übertragen und Betriebsstörungen durch Überlastung sind unmöglich. Die Erregung des Einankerumformers wird auch hier so bemessen, daß der Leistungsfaktor des Regelaggregates selbst möglichst auf 1 eingestellt werden kann. Eine weitere Blindstromabgabe des Einankerumformers, um über die Phasenverbesserung der Asynchronmaschine hinaus in das Drehstromnetz voreilenden Strom zu schicken, ist auch hier unwirtschaftlich. Der Einankerumformer erhält auch hier einen Zentrifugalschalter (*13*) als Sicherheit gegen etwaiges Durchgehen, wie auch sonst alle die bereits früher beschriebenen Sicherungen und Verriegelungen anzubringen sind, um Fehlgriffe in der Schaltung zu verhüten. Schließlich erhält der Gleichstromkreis

noch einen Maximalautomaten (*11*), der durch einen Parallelwiderstand
überbrückt wird, so daß durch sein Ansprechen der Periodenumformer
nicht abgeschaltet, sondern nur entlastet wird. Nach Verstellung des
Reglers (*8*) kann der Automat wieder eingelegt werden. Mittels des
Reglers (7) kann der Synchrongenerator übererregt werden, damit er
dem Netz *Ws* voreilenden Strom zuführt. Da die Frequenzschwankungen der Netze sehr langsam erfolgen, werden beim Periodenumformer
Wendepol-Einankerumformer verwendet. Der Asynchron-Synchron-
Umformer hat gegenüber dem Synchron-Synchron-Umformer den großen
Vorteil, daß die Kupplung beider Netze nicht starr, sondern elastisch
ist. Die Parallelschaltung eines zweiten Periodenumformers zu einem
bereits im Betrieb befindlichen sowie die Verteilung der Last erfolgt
nach den bekannten Regeln für die Parallelschaltung von Synchron-
generatoren auf gemeinsame Sammelschienen. Die Entlastung eines
einzelnen wie auch eines von mehreren Umformern erfolgt mittels des
Nebenschlußreglers an der Hintermaschine. Die Leerlaufdrehzahl
des Aggregates muß zwecks Reglung der Belastung bereits im Schlupf-
gebiet der Asynchronmaschine liegen, die Differenz der Nenndrehzahlen
der Synchron- und Asynchronmaschine soll jedoch möglichst klein
gehalten werden, damit die Leistung der Hilfsmaschinen für die Kaskade
ein Minimum ist.

## 3. Berechnung der Krämerkaskade.

Es wird im folgenden der prinzipielle Gang der Berechnung gezeigt
und an einem speziellen Beispiel näher ausgeführt werden, wobei ein
Walzwerksantrieb vorausgesetzt werden soll. Die an der Welle abgegebene Leistung der Kaskade sei $L_e$, ihre höchste Drehzahl sei $n_h$,
die tiefste $n_t$, die synchrone des Vordermotors $n_0$. Der kleinste bzw.
größte Schlupf in Perioden bei einer Netzfrequenz $v$ ist dann:

$$v_h = \frac{n_0 - n_h}{n_0} \cdot v \quad \text{bzw.} \quad v_t = \frac{n_0 - n_t}{n_0} \cdot v.$$

Ist cos $\varphi$ der Leistungsfaktor der Kaskade, $\eta$ ihr vorläufig geschätzter
Wirkungsgrad, so ist die ihr zugeführte Leistung $L' = \frac{1}{\eta} \cdot L_e$, und der
Statorstrom $I_1 = \dfrac{L'}{E_1 \cdot \sqrt{3} \cdot \cos \varphi}$, wobei $E_1$ die Statorspannung bedeutet.
Sind ferner $I_\mu$ der Magnetisierungsstrom, $I_k$ der ideelle Kurzschluß-
strom und $I_2$ der Sekundärstrom des Drehstrommotors, so können wir
nunmehr das Regeldiagramm zeichnen. Abb. 7 zeigt ein solches für die
Krämerkaskade bei cos $\varphi = 1$ im ganzen Regelbereich, Abb. 8 ein an-
deres bei cos $\varphi = 0{,}98$ bei höchster und cos $\varphi = 1$ bei tiefster Drehzahl.

$O'B$ ist der Magnetisierungsstrom, $OO'$ die Eisenverluste, $OD$ die
primäre Phasenspannung $E_1'$ des Vordermotors unter Abzug des Ohm-

schen Abfalles im Ständer $(E_1' = E_1 - I_1 r_1)$, die stets zu $100\,^0/_0$ und am besten zu 100 mm angenommen wird. Nunmehr wird unter dem angenommenen Winkel $\varphi$ gegen $E_1'$ der berechnete Statorstrom $I_1 = OA$

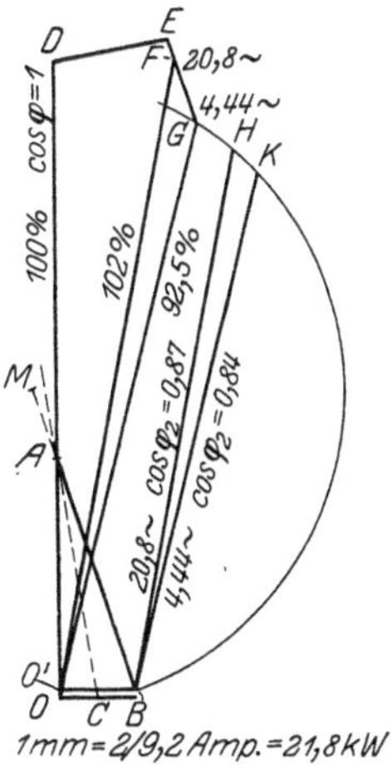
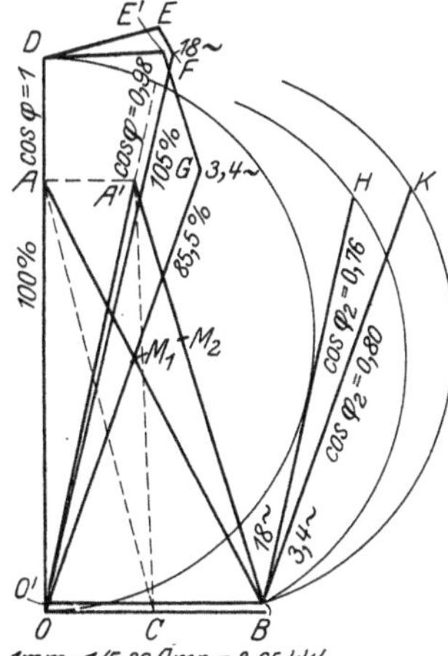

Abb. 7 und 8. Krämerkaskade.

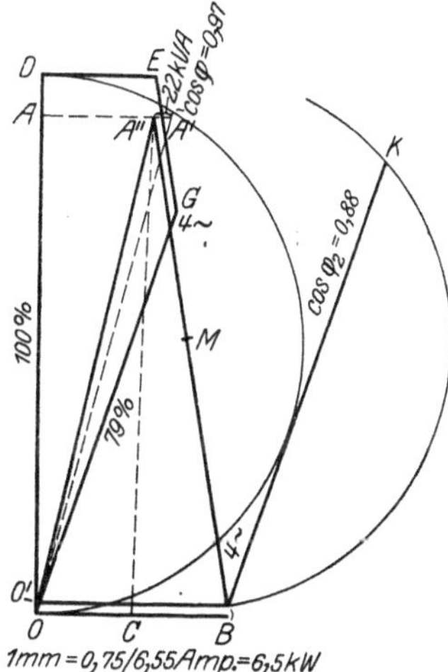
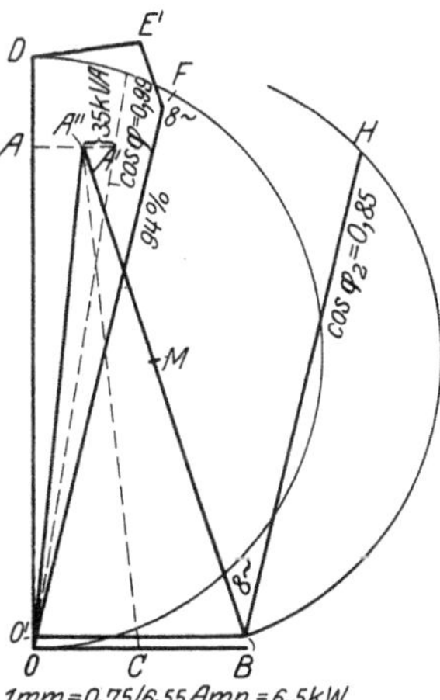

Abb. 9 und 10. Scherbiuskaskade.

Abb. 7 bis 10. Regeldiagramme.

aufgetragen, der als konstant für alle Drehzahlen der Kaskade vorausgesetzt werde, so daß diese an der Welle, wie früher bewiesen wurde, konstante Leistung im ganzen Regelbereich abgibt. Damit ergibt sich der Sekundärstrom $I_2 = AB$, der infolge der Phasenverbesserung gegenüber dem normalen Rotorstrom vergrößert ist und für den die

2*

Rotorwicklung bemessen werden muß. Um die Rotorspannung zu erhalten, sind die induktiven und Ohmschen Abfälle zu bestimmen. Bedeutet in Abb. 11 $OA$ den Primärstrom $I_1$, $AB$ den Sekundärstrom $I_2$, $OB$ den Leerlaufstrom $I_0$ und $OD$ die primäre Phasenspannung, so sei $DN$ senkrecht $I_1$ der primäre, $EN$ senkrecht $I_2$ der sekundäre induktive Spannungsabfall. Beide Abfälle vereinigen wir zu einem resultierenden induktiven Abfall $DE$. Beim Asynchronmotor kann man nun mit genügender Annäherung die primäre Reaktanz gleich der auf die Primärseite bezogenen sekundären Reaktanz setzen. Es verhält sich daher $DN : EN = I_1 : I_{2/1} = OA : AB$, wenn $I_{2/1}$ der auf die Primärseite bezogene Rotorstrom ist. Wir ziehen jetzt die Mittellinie $AC$ ($OC = CB$), ferner $DC'$ parallel $AC$, $DB'$ parallel $AB$ und $DO''$ parallel $AO$; dann ist auch $O''C' = C'B'$. Es folgt:

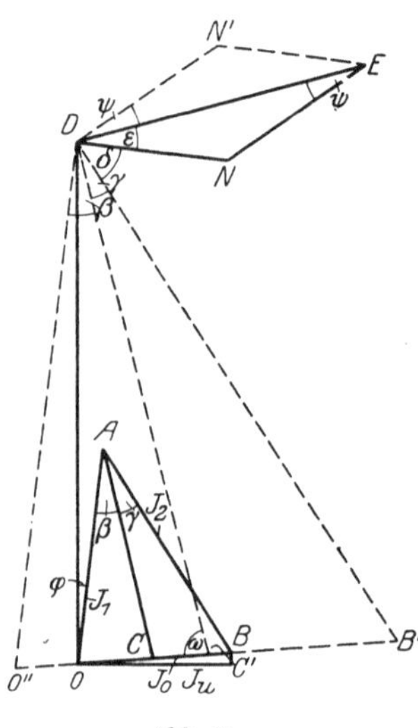

Abb. 11.

$$O''D : O''C' = \sin \omega : \sin \beta$$

$$DB' : C'B' = DB' : O''C' = \sin (180 - \omega) : \sin \gamma = \sin \omega : \sin \gamma.$$

Somit    $O''D : DB' = I_1 : I_{2/1} = \sin \gamma : \sin \beta$

Ferner ist    $DN : NE = I_1 : I_{2/1} = \sin \psi : \sin \varepsilon.$

Also    $\sin \gamma : \sin \beta = \sin \psi : \sin \varepsilon.$      (1)

Es ist    $\beta + \gamma + \delta = 90^0$ und $\delta + \varepsilon + \psi = 90^0$

Also    $\gamma + \beta = \psi + \varepsilon.$      (2)

Die Gleichungen (1) und (2) sind zugleich erfüllt für:

$$\gamma = \psi \quad \text{und} \quad \beta = \varepsilon.$$

Daher wird    $\beta + \gamma + \delta = \varepsilon + \gamma + \delta = 90^0;$

d. h. der resultierende induktive Abfall $DE$ steht senkrecht auf der Mittellinie $AC$, die mithin den resultierenden Strom darstellt, auf den dieser Abfall zu beziehen ist. Dieser Strom ist einfach dem Diagramm zu entnehmen, er ergibt sich aus der geometrischen Differenz $\overline{I_1} - \frac{1}{2} I_0$. Der zugehörige ideelle Kurzschlußstrom ist $I_k - \frac{1}{2} I_0$. Ist $x$ die resultierende Reaktanz von Primär- und Sekundärkreis, so ist der gesamte induktive Abfall des Motors bei Stillstand und für den Fall, daß Ohmsche Spannungsabfälle nicht auftreten, d. h. die Spannung $E_1$ nur zur

Deckung der Streuspannung dient: $(I_k - \frac{1}{2} I_0) \cdot x$. Folglich beträgt der prozentische induktive Abfall bei einem Strom $I_1$:

$$I_1 \cdot x = \frac{\overline{I_1 - \frac{1}{2} I_0}}{I_k - \frac{1}{2} I_0} \cdot 100\% .$$

Wenn der Motor einen gegen $I_1$ kleinen Leerlaufstrom hat, wird $OA \approx AC$; dann kann man setzen:

$$I_1 \cdot x = \frac{I_1}{I_k} \cdot 100\% .$$

Der Fehler, den man dabei macht, hängt von $I_k$, $I_0$ und der Phasenverschiebung $\varphi$ zwischen $E_1$ und $I_1$ ab. Es ist:

$$AC = \sqrt{I_1^2 + \tfrac{1}{4} I_0^2 - I_1 \cdot I_0 \cos (90 - \varphi)}.$$

Daher beträgt der Fehler in %:

$$f = 100 \cdot \left[ \frac{I_1 \cdot \sqrt{1 + (I_0/2 I_1)^2} - I_0/I_1 \cdot \sin \varphi}{I_k - \frac{1}{2} I_0} - \frac{I_1}{I_k} \right] : \frac{I_1}{I_k}$$

oder

$$f = 100 \cdot \frac{I_1 \cdot I_k \cdot \sqrt{1 + (I_0/2 I_1)^2} - I_0/I_1 \cdot \sin \varphi - I_1 I_k + \frac{1}{2} I_0 I_1}{(I_k - \frac{1}{2} I_0) \cdot I_k} \cdot \frac{I_k}{I_1} \%$$

$$f = 100 \cdot \frac{I_k \cdot [\sqrt{1 + (I_0/2 I_1)^2} - I_0/I_1 \cdot \sin \varphi - 1] + \frac{1}{2} I_0}{I_k - \frac{1}{2} I_0} \%$$

Wir tragen also im Regeldiagramm (Abb. 7 und 8) den nach obiger Formel berechneten prozentischen induktiven Abfall in einer zur Mittellinie $AC$ senkrechten Richtung auf und erhalten so den Punkt $E$. Strecke $OE$ stellt mithin die Rotor-EMK dar.

Die Rotorspannung ohne Berücksichtigung der Streuung (Strecke $OD$) berechnet sich bei tiefster Drehzahl der Kaskade zu:

$$E_2^t = (E_1 - I_1 \cdot r_1) \cdot \frac{Z_2 \cdot v_t}{Z_1 \cdot v} \text{ Volt,}$$

wobei $Z_1$ und $Z_2$ die Anzahl der in Serie liegenden Leiter im Stator und Rotor sind. Bei der höchsten Drehzahl ist diese Rotorspannung

$$E_2^h = E_2^t \cdot \frac{v_h}{v_t} \text{ Volt.}$$

Den Ohmschen Abfall im Rotor beziehen wir nun nicht auf die wirkliche Rotor-EMK (Strecke $OE$), sondern auf diese fiktive Rotorspannung (Strecke $OD$); er beträgt somit in Volt bzw. in Prozent:

$$I_2 \cdot r_2 \text{ Volt bzw. } \frac{I_2 \cdot r_2}{E_2^t} \cdot 100\%$$

bei der tiefsten und

$$I_2 \cdot r_2 \text{ Volt bzw. } \frac{I_2 \cdot r_2}{E_2^h} \cdot 100\%$$

bei der höchsten Drehzahl des Aggregates. Da $OD = 100\%$ ist und zu 100 mm gewählt wurde, also im Diagramm $1\% = 1$ mm ist, gibt der Ohmsche Abfall in $^0/_0$ auch seine Größe in mm an. Er ist in Richtung von $I_2$ aufzutragen, wodurch wir die Punkte $F$ und $G$ erhalten. Die Strecken $OF$ und $OG$ ergeben dann die Rotorspannung in $^0/_0$ bei größtem und kleinstem Schlupf des Vordermotors. Da die oben errechneten Werte von $E_2^t$ und $E_2^h = 100/^0_0$ entsprechen, so erhält man damit aus dem Diagramm die tatsächlich auftretende Spannung in Volt zu $E_2$ und $E_2'$. Diese Drehstromspannung ist nun in Gleichspannung umzurechnen und zwar ist letztere

bei dreiphasigem Einankerumformer $E_g = 2 \cdot \sqrt{2} \cdot E_2$ Volt,

bei sechsphasigem Einankerumformer $E_g = \sqrt{2} \cdot E_2$ Volt.

Zieht man davon den vorerst geschätzten Spannungsabfall im Einankerumformer ab, so erhält man die am Umformer auftretende Gleichspannung $E$, für die sowohl Einanker als auch Gleichstromhintermaschine auszulegen sind. Um nun die Gleichstromstärke zu erhalten, errechnet man die auf den Rotor übertragene Schlupfleistung $L_2$. Die Luftspaltleistung — zugeführte Leistung minus (primäre Kupferverluste plus Eisenverluste) — sei $L_0$. Dann folgt bei tiefster Drehzahl:

$$L_0 = L_0 \cdot \frac{\nu_t}{\nu}.$$

Werden davon die sekundären Kupfer- und Eisenverluste subtrahiert, so erhält man in $L_3'$ die Schleifringleistung. Davon müssen noch die Leerlaufverluste des Umformers gedeckt werden (Eisen-, Lager- und Bürstenreibungsverluste). Nach Abzug dieser erhält man eine Leistung $L_3$, die Nennleistung des Einankerumformers. Dividiert man also $L_3$ durch die oben berechnete Gleichstromspannung $E_g$, so erhält man in $I$ den bei konstanter Leistung konstant bleibenden Gleichstrom. Nunmehr ist für die Spannung $E$ und den Strom $I$, d. h. die Leistung $E \cdot I$ bei einer $\nu_t$ Perioden entsprechenden Drehzahl der Einankerumformer zu bemessen.

Die Voreilung $\cos \varphi_2$, die zwischen der zugeführten Rotorspannung $OF$ bzw. $OG$ und dem Sekundärstrom $AB$ herrscht, ist dem Regeldiagramm zu entnehmen, indem man zu $OF$ bzw. $OG$ durch $B$ Parallele zieht und auf $AB$ den Mittelpunkt $M$ eines $\cos \varphi =$ Kreises mit 10 cm Durchmesser sucht. $BH$ bzw. $BK$ geben dann direkt den $\cos \varphi_2$ an. Jetzt erfolgt die Berechnung des Einankerumformers, die als bekannt übergangen wird. Nur die Bemessung der selbsterregten Wicklung sei hier behandelt.

Bei der verlustlosen Drehstrom-Gleichstromkaskade ist die Rotorspannung des Vordermotors und damit auch die Gleichstromspannung des Einankerumformers der Schlupffrequenz des Drehstrommotors genau proportional. Da nun der zur Erzeugung dieser Spannung im Umformer erforderliche magnetische Fluß ihr direkt, seiner Frequenz umgekehrt proportional ist, müßte der Umformer bei allen Drehzahlen von demselben Fluß durchflossen werden. In Wirklichkeit ist jedoch, den Strom der Kaskade als konstant vorausgesetzt, der bei allen Drehzahlen konstante Ohmsche Abfall im Rotor des Vordermotors und im Umformer von der theoretisch auftretenden Gleichspannung abzuziehen. Dieser wird bei den niedrigsten Drehzahlen des Aggregates mit ihren großen Schlupfspannungen relativ zu letzteren klein sein, bei den höchsten Drehzahlen der Kaskade hingegen die Gleichstromspannung wesentlich herabdrücken. Bei der höchsten Drehzahl des Umformers muß in ihm also ein Maximum an magnetischem Fluß erzeugt werden, der bei dem Übergang zu seinen kleineren Drehzahlen allmählich abnimmt, bis er bei der niedrigsten Umformerdrehzahl schließlich um 12—20 % kleiner geworden ist. Berechnen wir für mehrere Schlupffrequenzen die Flüsse im Umformer und die sie erzeugenden Amperewindungen, so erhalten wir stets eine der Abb. 12 entsprechende ähn-

liche Beziehung zwischen den Vollastamperewindungen und den zugehörigen Spannungen des Umformers. Mit zunehmender Spannung muß das Feld demnach verstärkt wer-

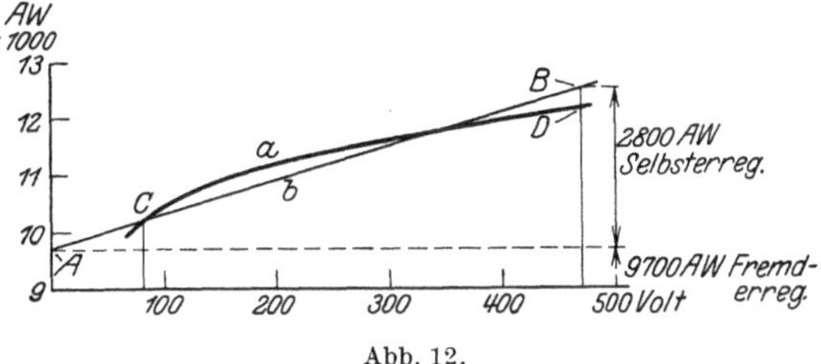


Abb. 12.

den. Unterlassen wir die allmähliche Erhöhung der Erregung, so geht dies auf Kosten der Lieferung an voreilendem Blindstrom, d. h. wir können dann bei den niedrigen Kaskadendrehzahlen nicht die vorgesehene Verbesserung des Leistungsfaktors erzielen.

Eine selbsttätige Erhöhung der Felderregung des Umformers mit steigender Frequenz erreichen wir dadurch, daß wir außer einer konstanten Fremderregung noch eine Nebenschlußerregung anbringen, die von der veränderlichen Einankerspannung selbst gespeist wird. Da nun die $A\,W$, d. h. der Erregerstrom proportional der Spannung ist, ersetzen wir die in Abb. 12 dargestellte Kurve $a$ durch eine sich ihr möglichst anschmiegende Gerade $b$, die den Punkt $C$ für die kleinste Drehzahl mit ihr gemein hat, und die wir bis zu der zur höchsten Drehzahl gehörigen Ordinate verlängern. Damit haben wir, wie aus der Abbildung ersichtlich, die Erregerwicklung in eine konstante Fremderregung und in eine Selbsterregung unterteilt.

Der Gleichstromhintermotor ist ebenfalls für die Spannung $E$ und den Strom $I$ auszulegen, seine Leistung ergibt sich aus dem Produkt $E \cdot I$ unter Abzug seiner Verluste, mit Ausnahme der Erregerverluste, da er ja ebenfalls fremd erregt wird. Die nähere Berechnung wird auch hier als bekannt vorausgesetzt. Nur die Aufteilung der $AW$ bei einem Kompoundhintermotor in die fremderregte Nebenschluß- und in die Hauptstromwicklung soll näher erläutert werden. Es wird eine graphische sowie eine rechnerische Methode verwendet. Bei ersterer gehen wir von der Leerlaufcharakteristik $a$ des Motors aus (vgl. Abb. 13), die den magnetischen Fluß in Abhängigkeit von den $AW$ zeigt. Nun zeichnen wir in beliebigem Maßstab ein zweites Koordinatensystem ein und zwar als Ordinate die Gleichspannung $E_g$, als Abszisse die Tourenzahl der Kaskade, deren 0-Punkt zweckmäßig meist weit links liegt.

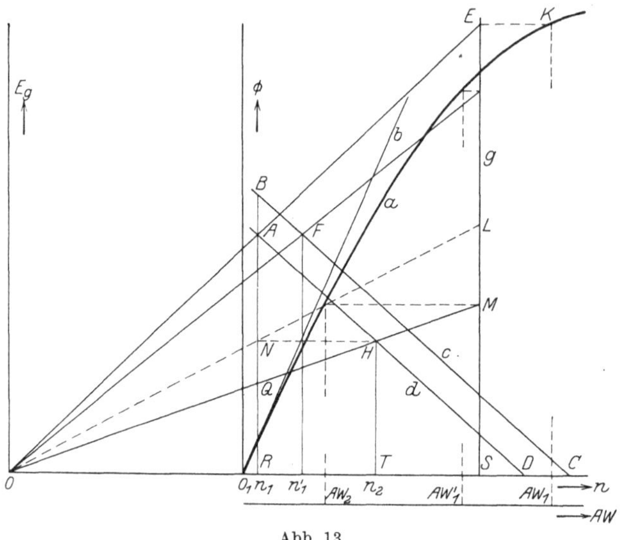


Abb. 13.

Punkt $A$ stellt die EMK $E$ des Hintermotors bei der tiefsten Drehzahl des Aggregates dar. Zählt man zu dieser EMK den Ohmschen Abfall aller drei Maschinen — beim Vordermotor beträgt er

$$\Delta E = \frac{I_2 \cdot r_2 \cdot \cos \varphi_2}{0,707} \text{ Volt bei sechsphasigem und}$$

$$\Delta E = \frac{I_2 \cdot r_2 \cdot \cos \varphi_2}{0,612} \text{ Volt bei dreiphasigem Einankerumformer —}$$

so erhält man in $B$ die absolute theoretische Leerlaufspannung $E'$ am Hintermotor unter der Annahme, daß keine Verluste in den Maschinen auftreten. Ferner ist diese Leerlaufspannung bei der synchronen Drehzahl der Kaskade (Punkt $C$) gleich 0; im übrigen nimmt sie mit fallender Kaskadendrehzahl linear zu, da sie der Schlupffrequenz proportional und letztere von der Drehzahl des Aggregates linear abhängig ist. Linie $BC$ stellt mithin den Verlauf der Leerlaufspannung, Linie $AD$ parallel $BC$ den der EMK des Hintermotors bei Vollast, also bei konstanter Stromstärke, dar. Der dem Vollastpunkt $A$ bei der tiefsten Drehzahl $n_1$ entsprechende magnetische Fluß $\varnothing_1$ ist nun aus der Rechnung bekannt (Punkt $K$). Linie $OA$ und eine Parallele durch $K$ zur Abszissenachse mögen sich nun in $E$ schneiden, so daß $ES$ senkrecht zur Abszissenachse diesen Fluß $\varnothing_1$ ergibt. Wie findet man jetzt den zu einer anderen beliebigen Vollastdrehzahl $n_2$ der Kaskade gehörigen Fluß $\varPhi_2$? $HT = E_2$ ist nach Obigem die bei $n_2$-Touren auftretende EMK des Hintermotors. Linie $OH$ möge $ES$ in $M$ schneiden. Es soll nun bewiesen werden, daß $MS$ diesen bei $n_2$-Touren nötigen Fluß $\varnothing_2$ darstellt.

Es muß sein:
$$\varnothing_2 = \varnothing_1 \cdot \frac{E_2 \cdot n_1}{E_1 \cdot n_2}.$$

Ziehen wir noch die Linie $ONL$ sowie $HN$ senkrecht $HT$, so folgt aus der Abbildung:
$$AR : NR = E_1 : E_2 = ES : LS$$
und
$$LS : MS = NR : QR = HT : QR = n_2 : n_1.$$

Somit:
$$E_1 : E_2 = (ES : MS) \cdot \frac{n_1}{n_2}$$

oder
$$E_1 : E_2 = (\varnothing_1 : MS) \cdot \frac{n_1}{n_2}$$

$$MS = \varnothing_1 \cdot \frac{n_1}{n_2} \cdot \frac{E_2}{E_1}.$$

Aus der Übereinstimmung mit obiger Gleichung ergibt sich also, daß tatsächlich $MS = \varnothing_2$ ist. Wir finden also den zu einer beliebigen Vollastdrehzahl $n$ gehörigen Fluß $\varnothing$ des Hintermotors, indem wir den Punkt 0 mit der zu $n$ gehörigen EMK $E$ verbinden. Diese Linie schneidet dann auf der Bezugsgeraden $ES$ ($= g$), deren Konstruktion oben beschrieben wurde, den gesuchten Fluß $\varnothing$ ab. Mit Hilfe der Leerlaufcharakteristik $a$ des Motors $[\varnothing = f(AW)]$ finden wir leicht die entsprechenden nötigen Leerlaufamperewindungen ($AW_1$, $AW_2$ usw.) für alle Vollastdrehzahlen der Kaskade.

Die bei den Leerlaufdrehzahlen $n'$ nötigen Flüsse bzw. $AW$ findet man auf dieselbe Weise mit Hilfe dieser Bezugsgeraden $g$, wenn man die zu diesen Drehzahlen gehörigen theoretischen Leerlaufspannungen $E'$ auf der Linie $BC$ mit 0 verbindet. In Abb. 13 ist dies für die zur kleinsten Vollastdrehzahl $n$ gehörige Leerlaufdrehzahl $n'$, die sich aus dem vorgeschriebenen Tourenabfall von Leerlauf bis Vollast ergibt, eingezeichnet (Punkt $F$).

Die Differenz der $AW$ bei der Vollastdrehzahl $n_1$ (Punkt $A$) und der zugehörigen Leerlaufdrehzahl $n_1'$ (Punkt $F$) ergibt nun die Anzahl der zusätzlich nötigen $AW$ bei Belastung mit $^1/_1$ Last und tiefster Drehzahl der Kaskade; sie stellen also die Größe der Hauptstrom-$AW$ dar. Dies wiederholt man für mehrere Vollasttouren $n$ nebst den zugehörigen Leerlauftouren $n'$, welch letztere sich, wenn der vorgeschriebene Tourenabfall von 0 bis $^1/_1$ Last $t\%$ beträgt, aus ersteren ergeben zu:

$$n' = \frac{n}{1 - t/100}.$$

Aus Abb. 14, die sich auf ein später ausgeführtes Zahlenbeispiel bezieht, ist die Bestimmung der Hauptstrom-$AW$ für die anderen

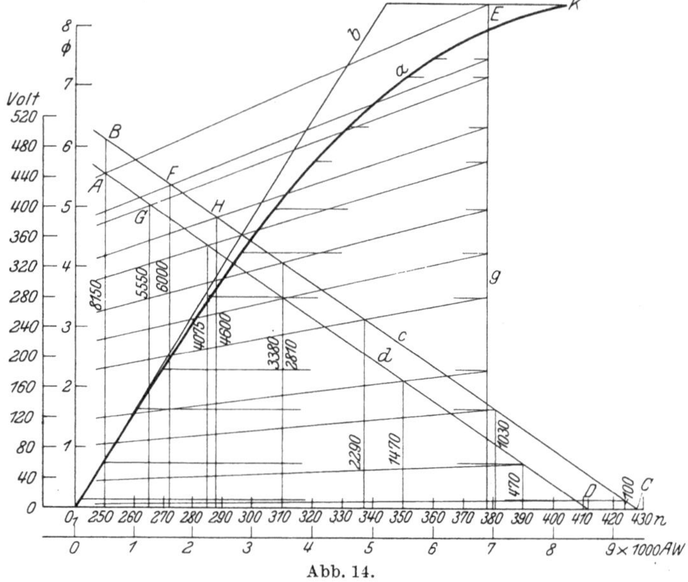

Abb. 14.

Kaskadendrehzahlen ersichtlich, die in derselben Weise zu erfolgen hat. Die Linie $a$ in Abb. 15 zeigt schließlich den Verlauf dieser $AW$ in Ab-

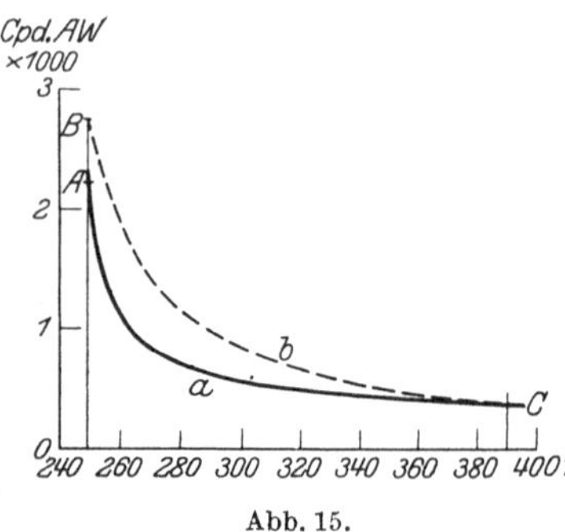

Abb. 15.

hängigkeit von der Drehzahl; ihr Maximum liegt also bei der kleinsten Tourenzahl.

Die Ankerrückwirkung muß ebenfalls von der Hauptschlußwicklung gedeckt werden; ihr größter Wert liegt bei der tiefsten Kaskadendrehzahl, bei der höchsten Drehzahl ist sie ungefähr gleich 0, wenn angenommen wird, daß sie nur durch Feldverzerrung entsteht. Den Verlauf der insgesamt aufzubringenden Hauptschluß-$AW$ zeigt Linie $b$ in Abb. 15. Bei der Krämerkaskade mit konstanter Leistung, also konstantem Ankerstrom im Hintermotor ist somit ein Reguliershunt nötig, um die bei verschiedenen Drehzahlen erforderlichen verschiedenen Hauptschlußerregungen durch Änderung des die Hauptstromwicklung durchfließenden Stromes zu erzeugen.

Diese rein graphische Art der Bestimmung der Kompoundwicklung, wie sie bisher verwendet wurde, kann durch eine vom Verfasser entwickelte rechnerische ersetzt werden, wozu man sich einiger für alle Fälle gültigen Hilfskurven bedient. Dies soll im folgenden entwickelt werden. Die synchrone Drehzahl des Vordermotors sei 1, $n$ eine beliebige Drehzahl der Kaskade in Prozenten der synchronen, $\varnothing$ der dem jeweiligen $n$ entsprechende magnetische Fluß des Hintermotors. $n_1$ sei die minimale Vollastdrehzahl, $\varnothing_1$ der zugehörige maximale Fluß des Hintermotors; $E_1$ sei die elektromotorische Kraft bei $n_1$ und Vollast, $\varepsilon$ der gesamte Ohmsche Abfall der Kaskade und $s$ der Schlupf. Dann folgt:

$$\varnothing = C \cdot \frac{E}{n}; \quad E = c \cdot s; \quad s = 1 - n;$$

also
$$\varnothing = C' \cdot \frac{1-n}{n} = C' \cdot \frac{1}{n} - C'$$

$$\frac{d\varnothing}{dn} = - C' \cdot \frac{1}{n^2};$$

ferner
$$\frac{d\varnothing}{dn} : \frac{\varnothing_1}{n} = - C' \cdot \frac{1}{n^2} \cdot \frac{n}{\varnothing_1}.$$

Nach oben folgt:
$$\varnothing_1 = C' \cdot \frac{1-n_1}{n_1};$$

mithin
$$\frac{d\varnothing / \varnothing_1}{dn/n} = - \frac{1}{n} \cdot \frac{n_1}{1-n_1}.$$

Wir beziehen also die Änderung des Flusses $\varnothing$ bei Änderung der Drehzahl $n$ stets auf den maximalen Fluß $\varnothing_1$. Setzen wir den Ausdruck $\frac{1}{n} \cdot \frac{n_1}{1-n_1} = \alpha$, so folgt schließlich

$$\frac{d\varnothing}{\varnothing_1} = - \alpha \cdot \frac{dn}{n}.$$

Diese Gleichung stellt die Beziehung zwischen der Flußänderung und der dadurch bedingten Drehzahländerung im Hintermotor dar. Sie besagt, daß einer Drehzahländerung von $1\,^0/_0$ eine Änderung des maximalen Flusses von $\alpha\,^0/_0$ entspricht und zwar tritt, wie das negative Vorzeichen es ausdrückt, bei einer Flußsteigerung eine Drehzahlabnahme auf und umgekehrt. Der Faktor $\alpha$ hängt nicht nur von der Größe der Regelung ab, sondern ändert sich auch mit der Drehzahl, bei der wir die Flußänderung feststellen wollen.

Der vorgeschriebene prozentische Drehzahlabfall von 0 bis $^1/_1$ Last bei einem Kaskadenhintermotor setzt sich nun zusammen aus dem Drehzahlabfall infolge des gesamten Ohmschen Widerstandes von Vorder-

und Hintermotor sowie Einankerumformer und dem Drehzahlabfall infolge der Flußänderung, wobei die Summe beider den verlangten Abfall von Leerlauf bis Vollast ergeben muß. Ist $E_1$ die EMK des Hintermotors bei der tiefsten Kaskadendrehzahl $n_1$, $\varepsilon$ der gesamte Ohmsche Abfall in den drei Maschinen, so ist die theoretische Leerlaufspannung des Hintermotors bezogen auf den Stillstand der Kaskade:

$$E_0 = (E_1 + \varepsilon) \cdot \frac{1}{1 - n_1},$$

wenn $n_1$ in Bruchteilen der synchronen Drehzahl, die gleich 1 gesetzt ist, ausgedrückt wird. Dann berechnet sich der prozentische Abfall infolge Ohmschen Widerstandes zu: $\frac{\varepsilon}{E_0} \cdot 100\%$. Der Rest entfällt dann auf den Abfall $dn/n$, der durch die Flußänderug $d\varnothing / \varnothing_1 = -\alpha \cdot dn/n$ hervorgerufen wird.

Es handelt sich nun darum, für verschiedene Regelbereiche und Drehzahlen den Faktor $\alpha$ zu berechnen. Es genügt dabei praktisch, für drei verschiedene Tourenzahlen und zwar für die synchrone Drehzahl $n_0$, die kleinste Drehzahl der Kaskade $n_1$ und die in der Mitte dieser beiden liegende Drehzahl $n_2$, den Wert von $\alpha$ bei verschiedenem Regelbereich festzustellen.

$$\text{Es war:} \qquad \alpha = \frac{1}{n} \cdot \frac{n_1}{1 - n_1};$$

$$\text{also für} \quad n = n_0 = 1: \qquad \alpha_0 = \frac{n_1}{1 - n_1};$$

$$\text{für} \quad n = n_1: \qquad \alpha_1 = \frac{1}{1 - n_1};$$

für $\quad n = n_2 = n_1 + \frac{1}{2}(n_0 - n_1)$; da $n_0 = 1$, wird $n_2 = \frac{1}{2} + \frac{1}{2} n_1$

$$\alpha_2 = \frac{2}{1 + n_1} \cdot \frac{n_1}{1 - n_1} = \frac{2 n_1}{1 - n_1^2}.$$

Dabei ist bemerkenswert, daß stets ist:

$$\alpha_1 - \alpha_0 = \frac{1 - n_1}{1 - n_1} = 1.$$

Eine der in Abb. 16 dargestellten Kurven für $\alpha_1$ oder $\alpha_0$ wäre mithin überflüssig.

Die der Flußänderung entsprechenden $AW$ sind der Magnetisierungskurve zu entnehmen. Der Fluß bei der höchsten Kaskadendrehzahl ist stets so klein, daß er in den geraden Teil der Magnetisierungskurve fällt. Wir können also, da hier $\varnothing$ proportional den $AW$ ist, die Flußänderung direkt im untersten geraden Teil ablesen. Um nun auch für die mittlere Drehzahl $n_2$ die Flußänderung im linearen Kurventeil feststellen zu können, wurde nach ausgeführten Kaskaden durch Vergleich mit der vorhin beschriebenen graphischen Methode der Fehler bestimmt, den man dadurch macht, daß man auch hierfür die $AW$ proportional dem Fluß setzt. Es wurde gefunden, daß er im Mittel $6\,\%$ beträgt, und zwar würde man die $AW$ zu klein erhalten. Es werden daher unter der Annahme, daß dieser Fehler bei allen Kaskaden gleich groß ist, diese $6\,\%$ gleich zu dem Proportionalitätsfaktor $\alpha_1'$ hinzugezählt und erhält in $\alpha_1$ den der Drehzahl $n_2$ entsprechenden korrigierten Faktor. Abb. 16 zeigt diese drei Kurven für den Faktor $\alpha$ in Funktion der minimalen Drehzahl in Prozent der synchronen, ihre Berechnung zeigt die Tabelle im Anhang.

Ferner kann man, ohne einen wesentlichen Fehler zu machen, für die höchste Drehzahl der Kaskade den Faktor $\alpha$ gleich dem bei synchroner Drehzahl ($\alpha_0$) setzen. Ist $n_0'$ die höchste Kaskadendrehzahl, so ist der zugehörige Faktor $\alpha$:

$$\alpha_0' = \frac{1}{n_0'} \cdot \frac{n_1}{1-n_1}.$$

Für die synchrone Drehzahl der Kaskade ist nach oben:

$$\alpha_0 = \frac{n_1}{1-n_1}.$$

Somit beträgt der Fehler, den man begeht, wenn man statt der höchsten Drehzahl des Aggregates seine synchrone setzt, in Prozent:

$$f = \frac{\alpha_0' - \alpha_0}{\alpha_0} \cdot 100\,\%$$

oder

$$f = 100 \cdot \left( \frac{1}{n_0'} \cdot \frac{n_1}{1-n_1} - \frac{n_1}{1-n_1} \right) : \frac{n_1}{1-n_1}$$

$$f = \frac{1-n_0'}{n_0'} \cdot 100\,\% .$$

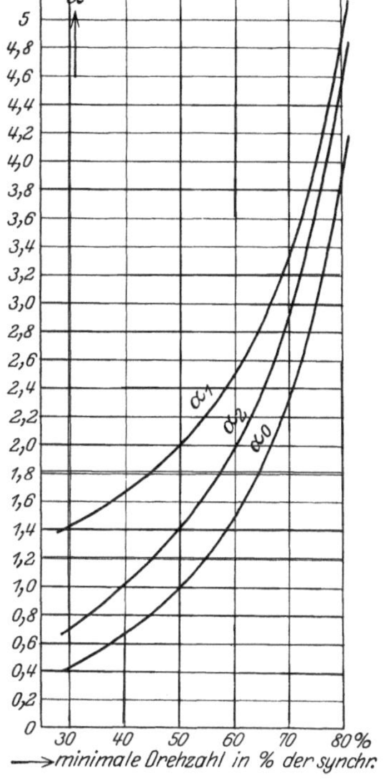


Abb. 16. Kurven zur Berechnung der Kompoundwicklung des Gleichstrommotors von Regelsätzen. $\alpha_0$ für die synchrone Drehzahl, $\alpha_1$ für die kleinste Drehzahl, $\alpha_2$ für die mittlere Drehzahl der Kaskade.

Nehmen wir z. B. an, daß ein Tourenabfall von $10\,\%$ verlangt wird und daß die wirkliche Leerlaufdrehzahl der Kaskade $1\,\%$ kleiner als die synchrone ist, so wäre $n_0' = 0{,}89$ und mithin der Fehler

$$f = \frac{1-0{,}89}{0{,}89} \cdot 100 = 12{,}4\,\% .$$

Nun liegt aber bei der höchsten Drehzahl das Minimum der Hauptstrom-$AW$, wie wir früher gesehen haben (Abb. 15), so daß der absolute Wert dieses Fehlers nicht ins Gewicht fällt und evtl. durch die Einstellung des Reguliershunts ausgeglichen werden kann. Auf die Bemessung der Kompoundwicklung, die ja gemäß dem bei der tiefsten

Drehzahl auftretenden Maximum der Hauptstrom-$AW$ erfolgt, hat dieser Fehler keinen Einfluß.

Die so gefundenen $AW$ stellen die Hauptschlußerregung dar, wofern man noch die Ankerrückwirkung in ihrer jeweiligen Stärke hinzuzählt.

Die Resultate beider Methoden zur Bestimmung der Kompoundwicklung stimmen, wie die Praxis gezeigt hat, sehr gut überein.

Die allgemein erörterte Berechnung der Krämerkaskade möge nun an einem speziellen Zahlenbeispiel aus der Praxis nochmals gezeigt werden. Es handelt sich um ein Regulieraggregat zum Antrieb einer Walzenstraße für 736 kW (1000 PS) bei 6300 Volt Drehstromspannung, 50 Perioden und 428 synchronen Touren, regulierbar von 390 bis 250 Touren; verlangt wird ein Tourenabfall von 8 $^0/_0$ bei Erhöhung der Belastung von Null- bis Vollast.

Bei einem Wirkungsgrad von 94,9 $^0/_0$ und einem Leistungsfaktor von 0,88 bei alleinigem Antrieb des Drehstrommotors beträgt der Statorstrom 80 Amp., der Rotorstrom 327 Amp. Stator und Rotor sind in Stern geschaltet, die Rotorphasenspannung ist 790 Volt. Der Magnetisierungsstrom beträgt 25 Amp., der ideelle Kurzschlußstrom 400 Amp., die Statoreisenverluste 11 kW. Das Kippmoment ist gleich dem 2,8fachen normalen, die geforderte 100 proz. Walzwerksüberlastung ist also eingehalten. Es ist nun zuerst das Regeldiagramm aufzustellen (vgl. Abb. 7). Der Diagrammaßstab ist 1 mm = 2 Amp. primär, 1 mm = 9,2 Amp. sekundär und 1 mm = 21,8 kW. Die Periodenzahlen des Rotors bei höchster und tiefster Last sind:

$$v_h = \frac{428-390}{428} \cdot 50 = 4,44 \text{ Per.}$$

$$v_t = \frac{428-250}{428} \cdot 50 = 20,8 \text{ Per.}$$

Der Wirkungsgrad der Kaskade bei tiefster Drehzahl und Vollast werde vorerst zu etwa 90 $^0/_0$ angenommen. Dann ist die zugeführte Leistung bei 20,8 Perioden: $\frac{736}{0,9} = 819$ kW. Somit ist bei einer Phasenverbesserung der Kaskade auf $\cos \varphi = 1$ der Statorstrom im Kaskadenbetrieb:

$$I_1 = \frac{819}{6300 \cdot \sqrt{3}} = 75 \text{ Amp.}$$

$O'B$ ist der Magnetisierungsstrom, $OO'$ die Eisenverluste, $OB$ der Strom $I_1$, der in Phase mit der Statorspannung $E_1$ ist, da $\cos \varphi = 1$ eingestellt werden soll. Aus dem Diagramm ergibt sich dann der zugehörige Rotorstrom $I_2 = 359$ Amp. (Strecke $AB$) gegenüber 327 Amp. bei normalem Betrieb. Der induktive Abfall der Primär- und Sekundärwicklung zusammen beläuft sich auf $Ix = \frac{75}{400} = 18,75\%$.

Die Rotorspannung ist bei

$$20{,}8 \text{ Per.}: (3637 - 50) \cdot \frac{140}{616} \cdot \frac{20{,}8}{50} = 339 \text{ Volt}$$

$$4{,}44 \text{ Per.}: \qquad\qquad 339 \cdot \frac{4{,}44}{20{,}8} = 72{,}3 \text{ Volt.}$$

Der Ohmsche Abfall im Rotor beträgt: $I_2 r_2 = 10{,}2$ Volt, oder in $^0/_0$ bei

$$20{,}8 \text{ Per.}: \qquad \frac{10{,}2}{339} \cdot 100 = 3\,\% ,$$

$$4{,}44 \text{ Per.}: \qquad \frac{10{,}2}{72{,}3} \cdot 100 = 14{,}1\,\% .$$

Im Diagramm ist also Strecke $OD = 100$ mm (primäre Phasenspannung unter Abzug des Ohmschen Abfalles im Stator), $O'C = CB$, $DE = 18{,}75$ mm und senkrecht $AC$ als induktiver Abfall, $EF$ bzw. $EG$ (parallel $I_2$) als Ohmscher Abfall bei 20,8 bzw. 4,44 Per. gleich 3 bzw. 14,1 mm. Dann sind $OF$ und $OG$ die tatsächlichen Rotorspannungen bei tiefster und höchster Drehzahl. Aus dem Diagramm ergibt sich $OF = 102\,^0/_0$, $OG = 92{,}5\,^0/_0$. Zieht man zu $OF$ und $OG$ Parallele durch $B$ und schlägt um den auf $I_2$ bzw. dessen Verlängerung liegenden Punkt $M$ einen Kreis von 100 mm Durchmesser, der durch $B$ geht, so erhält man die vom Einankerumformer zu liefernde Voreilung, die nötig ist, um die Kaskade auf $\cos \varphi = 1$ zu bringen. Sie beträgt nach der Abb. 7 bei 4,44 Per. $\cos \varphi = 0{,}84$, bei 20,8 Per. $\cos \varphi = 0{,}87$.

Die wirkliche Rotorspannung ist demnach bei:

$$20{,}8 \text{ Per.}: 102\,^0/_0 \text{ von } 339 = 346 \text{ Volt,}$$
$$4{,}44 \text{ Per.}: 92{,}5\,^0/_0 \text{ von } 72{,}3 = 67 \text{ Volt.}$$

Der Einankerumformer wird sechsphasig ausgeführt, der Drehstrommotor erhält 6 Schleifringe zu je 360 Amp. (da bei $\cos \varphi = 1$, $I_2 = 360$ Amp.). Die Rotorspannung in Gleichspannung umgerechnet ergibt:

$$20{,}8 \text{ Per.}: \qquad \frac{346}{0{,}707} = 480 \text{ Volt}$$

$$4{,}44 \text{ Per.}: \qquad \frac{67}{0{,}707} = 93 \text{ Volt.}$$

Subtrahiert man davon den beidemal gleichen, vorerst geschätzten Ohmschen Abfall im Anker des Einankerumformers, so erhält man die vom Umformer gelieferte Gleichspannung zu:

$$E' = 480 - 11 = 469 \text{ Volt bei 20,8 Per.}$$
$$E'' = \ 93 - 11 = \ 82 \text{ Volt bei 4,44 Per.}$$

Bei 20,8 Perioden war nach oben die zugeführte Leistung: 819 kW
Kupfer- und Eisenverluste im Stator: 22 kW

Luftspaltleistung: 797 kW

Vom Rotor elektrisch abgegebene Gesamt-
Leistung . . . . . . . . . . . . . . . . . . . $797 \cdot \dfrac{20{,}8}{50} = 330$ kW

Kupfer- und Eisenverluste im Rotor . . . . . 13 kW

Leistung an den Schleifringen: 317 kW

Eisen- und Reibungsverluste des Umformers
geschätzt zuerst zu . . . . . . . . . . . . . 12 kW

Auf den Umformer elektrisch übertragene Leistung: 305 kW

Daraus ergibt sich der Gleichstrom zu:

$$\frac{305}{480} = 635 \text{ Amp}.$$

Der Einankerumformer ist also zu bemessen für 469/82 Volt, 635 Amp.,
298/52 kW, 4,44/20,8 Per. Er erhält 6 Pole und 360 Kommutatorteile.
Die Umdrehungszahl ist bei 20,8 Per. bzw. 4,44 Per. 416 bzw. 89 Umdr.
per Minute. Damit ergeben sich die magnetischen Flüsse bei 20,8 Per.
zu $\varnothing_1 = 9{,}54 \cdot 10^6$ Maxwell, bei 4,44 Per. zu $\varnothing_2 = 8{,}33 \cdot 10^6$. Die zur
Erzeugung dieser Flüsse nötigen $AW$, einschließlich der Zuschläge für
Ankerrückwirkung und Voreilung des Ankerstromes betragen 12200 $AW$
bzw. 10200 $AW$. Wie bereits oben gesagt, sind also mit steigender
Drehzahl, d. h. mit steigender Gleichspannung mehr $AW$ erforderlich.
Berechnen wir noch für zwei Zwischenwerte die $AW$, so ergeben sich
11300 $AW$ bei 215 Volt und 11700 $AW$ bei 330 Volt. Tragen wir den
Verlauf dieser $AW$ in Funktion der vom Umformer erzeugten Gleich-
spannung auf, so erhalten wir die in Abb. 12 dargestellte Kurve $a$.
Wir ersetzen sie durch eine Gerade $b$, die sich ihr möglichst anschmiegt
und den Punkt $C$ bei kleinster Spannung mit ihr gemeinsam hat. Bei
der Spannung 0 (Punkt $A$) schneidet diese Gerade die erforderliche
Fremderregung zu 9700 $AW$, bei der höchsten Spannung von 469 Volt
(Punkt $B$) die Summe von Fremderregung und maximaler Selbsterregung mit 12500 $AW$ ab. Die Selbsterregung beträgt sonach
$12500 - 9700 = 2800$ $AW$, und ist für die maximal an ihr liegende
Spannung von 469 Volt auszulegen.

Der Hintermotor ist ebenfalls für 469/82 Volt, 635 Amp. bei
390/250 U. p. M. zu bemessen. Es soll im folgenden nun an diesem
Zahlenbeispiel die Zerlegung der $AW$ in fremderregte Nebenschluß-
und Hauptschlußwindungen nach den beiden Methoden gezeigt werden. In Abb. 14 stellt Linie $a$ die Leerlaufcharakteristik des Motors
$[\varnothing = f(AW)]$ dar. Man macht nun die oben beschriebene Konstruktion. Die EMK bei $250\,n$ beträgt 445 Volt (Punkt $A$). Der gesamte
Ohmsche Abfall der Kaskade 46 Volt, die absolute Leerlaufspannung
mithin $445 + 46 = 491$ Volt (Punkt $B$). Die $AW$ bei $250\,n$ betragen
8150 $AW$ (Punkt $K$). Die zu $250\,n$ gehörige Leerlaufdrehzahl be-

rechnet sich bei dem verlangten Tourenabfall von $8^0/_0$ zu $\dfrac{250}{0,92} = 272$
(Punkt $F$). Die mittels der Hilfsgeraden $g$ gefundenen $AW$ bei dieser
Drehzahl betragen 6000 $AW$. Somit sind die 8150 Vollast-$AW$ aufzuteilen in 6000 $AW$ für Fremderregung und $8150 - 6000 = 2150\ AW$,
zu denen noch 450 $AW$ für die Ankerrückwirkung zuzuschlagen sind,
also 2600 $AW$ für Hauptschlußerregung. Um den weiteren Verlauf der
Kompoundwicklung (Linie $a$ in Abb. 15) zu finden, suchen wir noch
für einige Vollasttouren mit den zugehörigen Leerlauftouren die $AW$.
In der Abbildung geschieht dies für 265 und 288 $n$, 285 und 310 $n$,
310 und 337 $n$, 350 und 380,5 $n$, 390 und 424 $n$. Tragen wir dann die
Differenzen der $AW$ bei Vollast und der zugehörigen Leerlaufdrehzahl
in Abhängigkeit von der Kaskadendrehzahl auf, so erhalten wir Linie $a$
in Abb. 15, wozu noch die jeweilige Ankerrückwirkung zu addieren ist,
um in Linie $b$ den tatsächlichen Verlauf der Hauptstrom-$AW$ zu finden.

Zum Vergleich sollen nun die Kompound-$AW$ auch nach der zweiten
Art berechnet werden. Die minimale Drehzahl ist $n_1 = 250$ oder
$\dfrac{250}{428} = 58,4\%$ der synchronen. Der maximale Fluß des Hintermotors
beträgt $8,42 \cdot 10^6$ Maxwell, seine EMK 444,5 Volt. Der gesamte Ohmsche Abfall $\varepsilon = 46,1$ Volt. Die absolute theoretische Leerlaufspannung
bei Stillstand beträgt $E_0 = (444,5 + 46,1\ \text{Volt}) \cdot \dfrac{100}{100 - 58,4} = 1180$ Volt.
Der prozentische Drehzahlabfall infolge des Ohmschen Widerstandes
beträgt also $\dfrac{46,1}{1180} = 3,91\%$. Der gesamte Abfall von $0 - {}^1/_1$ Last soll
zu 8% bemessen werden. Für den Tourenabfall infolge Flußänderung
bleiben also $8 - 3,91 = 4,09\%$. Aus der Abb. 16 ergeben sich bei
58,4% Regulierung die Faktoren $\alpha$ zu:

$$\alpha_0 = 1,41; \quad \alpha_2 = 1,88; \quad \alpha_1 = 2,41.$$

Nach obiger Gleichung $\dfrac{d\varnothing}{\varnothing_1} = -\alpha \cdot \dfrac{dn}{n}$ ergeben sich dann folgende
prozentische Flußänderungen, auf den maximalen Fluß $\varnothing_1 = 8,42 \cdot 10^6$
bezogen:

1) $1,41 \cdot 4,09 = 5,77\%$;  2) $1,88 \cdot 4,09 = 7,69^0/_0$;  3) $2,41 \cdot 4,09 = 9,85\%$.

Die Flußänderungen sind also:

1) $\Delta\varnothing = 0,485$;  2) $\Delta\varnothing = 0,648$;  3) $\Delta\varnothing = 0,829$.

Für letzten Fall bei kleinster Kaskadendrehzahl ist also der Fluß ohne
Tourenabfall durch Flußvermehrung

$$\varnothing_1 - \Delta\varnothing = 8,42 - 0,829 = 7,59.$$
$$AW \text{ bei } \varnothing = 8,42: \qquad 8150,$$
$$AW \text{ bei } \varnothing = 7,59: \qquad 6100,$$

wie es sich aus der Magnetisierungskurve in Abb. 14 ergibt.

Somit sind bei $n_1$ Touren die Hauptstrom-$AW$ 8150 — 6100 = 2050, wozu noch 450 $AW$ für die Ankerrückwirkung kommen; also zusammen 2500 $AW$ gegen 2600 $AW$ nach der ersten Methode. Die Hauptschluß-$AW$ für die mittlere und höchste Drehzahl folgen sofort aus der Ablesung der $AW$ für

1. $\varnothing = 0{,}648$ zu 400 $AW$ ohne Ankerrückwirkung gegen 450 $AW$ nach der ersten Methode.

2. $\varnothing = 0{,}485$ zu 300 $AW$ ohne Ankerrückwirkung gegen 370 $AW$ nach der ersten Methode.

Die Berechnung einer Krämerkaskade als Periodenumformer ist prinzipiell die gleiche wie für eine gewöhnliche Kaskade, wie sie oben ausführlich erläutert wurde. Bezüglich des Regelbereiches sei folgendes gesagt. Ist $n_0$ die synchrone Drehzahl des Asynchronmotors, $n_0'$ die der Synchronmaschine und werden Frequenzschwankungen von $\pm\, a\,^0/_0$ vorausgesetzt, so ist die maximale Schlupffrequenz, für die die Hilfsmaschinen der Krämerkaskade zu bemessen sind:

$$\nu = \frac{(n_0 + a\,^0/_0) - (n_0' - a\,^0/_0)}{n_0 + a\,^0/_0} \cdot \nu_0$$

wenn $\nu_0$ die zu $n_0$ gehörige Frequenz ist. Aus Gründen der Billigkeit werden diese Tourenzahlen möglichst hoch gewählt, so daß bei den meist großen, zu übertragenden Leistungen an die Grenze der maximal zulässigen Geschwindigkeiten bei der Asynchronmaschine gegangen wird, um nicht zu lange Maschinen zu erhalten. Aus demselben Grund wird oft beim Anlassen der Stator in Stern, im Betrieb in Dreieck geschaltet bei einem in Dreieck geschalteten Rotor, d. h. ein Stern-Dreieck-Schalter verwendet, um unzulässig hohe Rotorspannungen zu umgehen.

# 4. Doppelzonenregelung.

Bisher wurde die Krämerkaskade nur für untersynchronen Betrieb betrachtet, d. h. für eine Einstellung der Drehzahl des Drehstrommotors auf Werte, die kleiner als seine synchrone Drehzahl sind. Es ist jedoch möglich, sie auch auf Übersynchronismus zu bringen, so daß wir damit eine Doppelzonenregelung erhalten. Zu diesem Zweck wird bei höchster untersynchronen Drehzahl des Aggregates die Erregung im Hintermotor umgeschaltet, seine Feldrichtung also umgekehrt. Er läuft dann als Gleichstromgenerator und schickt Energie über den Einankerumformer in den Rotor des Vordermotors. Diesem wird somit eine Spannung aufgedrückt, entgegengesetzt aber derjenigen bei untersynchronem Betrieb. Um das Gleichgewicht herzustellen muß daher der Drehstrommotor, dessen Ständer wie immer am Netz liegt, negativen Schlupf, d. h. übersynchronen Lauf annehmen. Die Kaskade reguliert auch hier auf konstante Leistung. Die mit steigender übersynchronen Drehzahl wachsende Leistungszunahme im doppelt-gespeisten Vordermotor dient zum Antrieb des Gleichstromgenerators, der bremsend auf das Aggregat wirkt. Das auf die Welle übertragene Drehmoment nimmt also mit steigender Tourenzahl ab.

Bei Anwendung der Doppelzonenregelung ist die synchrone Drehzahl des Drehstrommotors etwa gleich dem Mittelwert von verlangter tiefster und höchster Drehzahl zu wählen, um möglichst eine gleich große unter- und übersynchrone Regelung zu erhalten. Dieser Betrieb hat jedoch meist keine Vorteile gegenüber dem rein untersynchronen. Abgesehen von der erforderlichen Umschaltung der Erregung der Hintermaschine ist der Anlauf der Kaskade in den Übersynchronismus bisher nur im Leerlauf erprobt worden. Übersynchroner Betrieb würde sich also für den Antrieb von Ventilatoren, Pumpen usw. eignen, ob jedoch auch für Walzenstraßen, die bereits im Leerlauf große Schwung-massen darstellen, ist bis jetzt noch nicht untersucht worden[1]). Ferner fällt nach früheren Darlegungen der Drehzahlbereich von $+ 3$ Per. bis $— 3$ Per. Schlupf völlig aus, also bei einem 50 Per. Netz von syn-chroner Drehzahl minus $6^0/_0$ bis synchroner Drehzahl plus $6\,^0/_0$, was bei Ventilatoren und Pumpen, die nur stufenweise Regelung erfordern, vielleicht angängig, bei der feineren Einstellung für Walzwerke jedoch wohl meist nachteilig ist. Außer diesen technischen Schwierigkeiten spricht gegen die Doppelzonenregelung noch die Tatsache, daß eine Verbilligung des Aggre-gates kaum erreicht wird. Wohl wird der Hintermotor für eine kleinere Leistung bemessen; diese Ersparnis wird jedoch aufgehoben durch die Verteuerung des Drehstrommotors, welcher nun bei derselben Leistung eine kleinere synchrone Drehzahl erhält. Der Einankerumformer muß für dieselbe Leistung wie bei rein untersynchronem Betrieb bemessen werden, infolge des kleineren Regelbereiches kann jedoch evtl. seine Polzahl verkleinert werden, so daß bei größeren Regulierungen eine Verbilligung um wenige Prozente gegenüber rein untersynchronem Betrieb eintritt, die aber die technischen Verschlechterungen, die da-mit in Kauf genommen werden müssen, nicht rechtfertigen würde. Bei Verwendung von Wendepoleinankerumformern mit ihrer an und für sich kleinen Polzahl verschwindet auch dieser Vorteil, so daß dann nichts für, jedoch vieles gegen die Doppelzonenregelung spricht. Eine wesentliche Kostenersparnis, die übersynchronen Betrieb vorteilhaft erscheinen lassen könnte, tritt erst bei Regelungen über 50% bei großen Leistungen ein, wo man bei der gewöhnlichen Krämerkaskade teure kompensierte Hintermotoren verwenden muß, um die Kommu-

---

[1]) Nach neueren Versuchen ist der Übergang in den Übersynchronismus noch bei einer Belastung von $^1/_5—^1/_4$ des normalen Drehmomentes der Kaskade möglich, ohne daß nennenswerte Pendelungen auftreten.

tierung auch bei der höchsten Drehzahl zu beherrschen, während bei Doppelzonenregelung noch die billigeren unkompensierten, nur mit Hilfspolen versehenen Hintermaschinen genügen. Doppelzonenregelung ist jedoch für den Fall am Platze, wenn für eine vorhandene Kaskade höhere Drehzahlen benötigt werden.

## 5. Bremsung der Krämerkaskade.

Um ein rasches Stillsetzen der Krämerkaskaden mit großen Schwungmassen, wie sie bei Walzenstraßen häufig sind, zu ermöglichen, benutzt man Schaltungen für elektrische Bremsung; dies kann hier entweder durch Bremsen des Drehstrommotors oder des Gleichstrommotors erzielt werden.

**a) Bremsung des Drehstrommotors.** Dabei wird dem Ständer entweder Drehstrom in Gegenschaltung oder Gleichstrom zugeführt.

Speisung mit Drehstrom. Diese Bremsung beruht darauf, daß man in dem vom Netz abgeschalteten Stator durch Vertauschung zweier Phasen ein Drehfeld erzeugt, das dem auslaufenden Rotor entgegenläuft. Dem von der kinetischen Energie (Trägheit der rotierenden Massen) herrührenden Drehmoment des Rotors wird also im Ständer ein bremsendes Drehmoment entgegengesetzt, welches den Läufer um so schneller zum Stillstand bringt, je kräftiger letzteres ist. Dieses einfache Mittel ist jedoch praktisch oft unausführbar, da infolge der Gegenläufigkeit von Statorfeld und Rotor in letzterem eine etwa 50—90% größere Spannung induziert wird als im Stillstand, sie also meist die zulässige Höhe überschreiten wird. Das Abbremsen ist in folgender Weise vorzunehmen. Die Kaskade wird zuerst auf niedrigste Tourenzahl eingestellt, um die zu vernichtende Energie der rotierenden Massen so klein wie möglich zu machen. Dann werden die Hintermaschinen und der Vordermotor vom Netz abgeschaltet, die Elektroden des Flüssigkeitsanlassers hochgekurbelt, damit beim Wiedereinschalten des Drehstrommotors der volle Widerstand des Anlassers im Rotorkreis liegt, zwei Ständerphasen vertauscht, der Ständer wieder an das Netz geschaltet und der Anlaßwiderstand allmählich vermindert, bis endlich das Aggregat zum Stillstand gelangt ist, und der Vordermotor nunmehr endgültig abgeschaltet wird.

Ist $n_0$ die synchrone, $n_1$ die minimale Drehzahl der Kaskade und $v$ die Netzfrequenz, so ist bei $n_1$-Touren die Rotorfrequenz: $v_1 = \dfrac{n_0 - n_1}{n_0} \cdot v$. Demzufolge ist die bei Gegenschaltung auftretende Rotorfrequenz im ersten Augenblick: $v' = v + (v - v_1)$; $\qquad v' = v \left(2 - \dfrac{n_0 - n_1}{n_0}\right)$;

$$v' = v \cdot \frac{n_0 + n_1}{n_0}.$$

Die dabei auftretende Rotorspannung ist also:

$$E_2' = E_{2_0} \cdot \frac{v'}{v} = E_{2_0} \cdot \frac{n_0 + n_1}{n_0},$$

wenn $E_{2_0}$ die Rotorspannung bei Stillstand bedeutet. $E_2'$ muß dabei innerhalb der zulässigen Grenze bleiben. Würde bei einem Hochspannungsmotor bei Gegenschaltung der Maximalwert von $E_2'$ überschritten werden, so bestände die Möglichkeit, ihn zwecks Bremsung an ein etwa vorhandenes Niederspannungsnetz anzuschließen. Dabei würde jedoch infolge des geringen Flusses ein zu schwaches Bremsdrehmoment im Ständer entstehen, so daß dieser Fall nicht in Betracht kommt.

Speisung mit Gleichstrom. Anstatt im Ständer ein Gegendrehfeld durch Drehstrom zu erzeugen, kann man ihn auch mit Gleichstrom speisen und so den Vordermotor in einen Gleichstromgenerator verwandeln, dessen Erregung im Stator liegt und dessen erzeugte elektrische Energie im Anlaßwiderstand vernichtet wird. Zu diesem Zweck wird, nachdem Vorder- und Hintermaschinen der Kaskade abgeschaltet sind, der Rotor auf den Anlasser geschaltet, dessen Elektroden sich zuerst in höchster Stellung befinden und die dann allmählich herabgekurbelt werden in dem Maße, daß der Strom im Rotor nicht übermäßig groß wird. Da der Phasenwiderstand und die maximal zulässige Stromstärke im Ständer aus Gründen der Erwärmung festliegen, bestimmt sich daraus die höchste Spannung, die angelegt werden darf. Diese bewegt sich im allgemeinen in ziemlich niederen Grenzen, so daß bei Vorhandensein einer Gleichstromquelle mittlerer Spannung (220—500 Volt) diese Art der Bremsung unwirtschaftlich ist, da dann die vom Netz gelieferte Bremsleistung zum großen, wenn nicht zum größten Teil in einem Vorschaltwiderstand vernichtet werden muß. Man kann sie wirtschaftlicher gestalten, wenn für die Speisung der fremderregten Felder des Einankerumformers und des Hintermotors eine Gleichstromquelle, z. B. ein Erregerumformer, von niedriger Spannung (etwa $100 - 150$ Volt) vorhanden ist, die für die kurze Zeit des Bremsens stark überlastbar ist.

**b) Bremsung des Gleichstromhintermotors.** Eine andere Möglichkeit der Stillsetzung der Krämerkaskade ist durch das Abbremsen des Hintermotors gegeben. Zu diesem Zweck wird, nachdem das Aggregat abgeschaltet ist, der Hintermotor auf den Flüssigkeitsanlasser des Drehstrommotors geschaltet. Er liefert in diesen als Generator, angetrieben durch das Trägheitsmoment der rotierenden Massen des Maschinensatzes, elektrische Energie, wodurch die kinetische Energie der leerlaufenden Kaskade schnell verbraucht wird. Die Bremsung erfolgt somit folgendermaßen. Nachdem die Kaskade auf die kleinste Drehzahl gebracht worden ist, werden der Drehstrommotor und die Hintermaschinen abgeschaltet, der Hintermotor auf den Anlasser geschaltet, dessen Elektroden zuerst die höchste Stellung innehaben entsprechend der im ersten Augenblick maximalen Beanspruchung; allmählich wird der Widerstand im Anlasser so verringert, daß stets ein solcher Strom in ihn geliefert wird, den sowohl die Gleichstrommaschine zu liefern als auch die Elektroden aufzunehmen imstande sind. Da diese Bremsmethode stets anwendbar ist und keiner weiteren Hilfsmittel bedarf, wird sie am häufigsten benutzt. Die Bremszeit $t$ bestimmt man aus folgender Beziehung: es ist die kinetische Energie der rotierenden Massen

$$A = 5\,(G D^2) \cdot \left(\frac{n_{\max}}{60}\right)^2 \text{ in Wattsek.}$$

Dabei ist $G D^2$ das Schwungmoment sämtlicher mit der Kaskadenwelle gekuppelten Massen und $n_{\max}$ die höchste Drehzahl bei Beginn des Abbremsens. Diese mechanische Arbeit wird, wenn die Verminderung der kinetischen Energie durch die Reibung des Maschinensatzes vernachlässigt wird, in elektrische verwandelt von der Größe:

$$A' = \tfrac{1}{2}\,E_{\max}\,I\,t.$$

$E_{\max}$ ist dabei die zu $n_{\max}$ gehörige maximale Gleichspannung bei Bremsbeginn, $I$ der möglichst konstant zu haltende Bremsstrom. Da nun $A = A'$ ist, wird die Bremsdauer:

$$t = 10\,\frac{G D^2}{E_{\max} I} \cdot \left(\frac{n_{\max}}{60}\right)^2.$$

## 6. Spezialschaltungen der Krämerkaskade.

In diesem Abschnitt werden einige Schaltungen der Krämerkaskade für besondere Betriebsverhältnisse besprochen.

**a) Kaskade für Links- und Rechtslauf.** Soll das Aggregat auch eine der normalen Drehrichtung entgegengesetzte erhalten, so vertauscht man am besten zwei Phasen des Drehstrommotors sowie zwei bzw. zwei mal zwei Phasen in der Zuführung zum Einankerumformer, und schließlich kehrt man die Richtung des Anker- und Wendepolstromes im Hintermotor um, während alle Felderregungen einschließlich der evtl. vorhandenen Hauptschlußwicklung unverändert bleiben. Durch die Vertauschung zweier Phasen bei dreiphasigem bzw. zwei mal zweier bei sechsphasigem Einankerumformer erfolgt seine Drehung stets in gleichem Sinn, der Hintermotor erhält wegen seiner verschiedenen Drehrichtung am besten senkrecht zur Kommutatorfläche stehende Bürsten. Bei großen Kollektorgeschwindigkeiten, wo diese unzulässig sind, kann auf kurze Zeit der Lauf auch gegen die schräg stehenden Bürsten erfolgen.

**b) Indirekte Kompoundierung durch ein Schlupfregulieraggregat.** Es wird manchmal verlangt, daß ein Tourenabfall nicht schon von Leerlauf an eintritt, wie es bisher immer angenommen wurde, sondern erst von einer bestimmten Belastung an (etwa $\frac{1}{2}$ oder $1/_1$ Last). Es wird dann die indirekte Kompoundierung durch ein besonderes Aggregat angewendet, wie es in Abb. 17 dargestellt ist. Dieses besteht aus dem Gleichstrommotor $M$ und den Gleichstromdynamos $D_1$ und $D_2$ auf gemeinsamer Welle. Die Dynamo $D_1$ hat zwei Wicklungen, eine Hauptstromwicklung und eine fremderregte Wicklung, die vom Ankerstrom des Einankerumformers der Kaskade im Nebenschluß gespeist wird. Sie ist so auf das Gleichstromnetz, welches die Erregerströme liefert, geschaltet, daß ihre Spannung der Netzspannung entgegenwirkt; ihr Ankerstrom durchfließt dabei die Erregerwicklung der Dynamo $D_2$, die auf eine zweite Feldwicklung des fremderregten Kaskadenhintermotors $H$ arbeitet. Die verschiedenen Erregerwicklungen des Kompoundierungsaggregates sind nun so zu bemessen, daß bei derjenigen Belastung $L$ der Krämerkaskade, von der an der Tourenabfall einsetzen soll, die

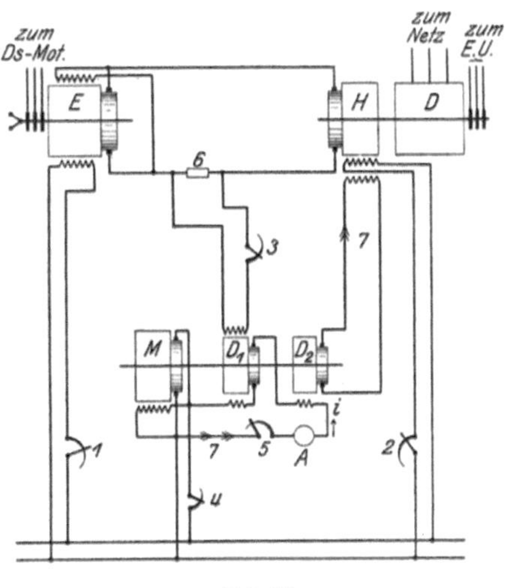


Abb. 17.

Spannung von $D_1$ gerade gleich der des Gleichstromnetzes ist. Infolge der Gegenschaltung von Netz und $D_1$ fließt dann in der Erregerwicklung der Dynamo $D_2$ kein Strom, sie sendet also keinen zusätzlichen Erregerstrom in den Hintermotor.

Steigt nun die Belastung der Kaskade über diesen gewissen Wert $L$, so übertrifft infolge der verstärkten Fremderregung die Spannung der Maschine $D_1$ die des Netzes, die Feldwicklung von $D_2$ wird von einem kleinen Strom durchflossen und erzeugt selbst eine Spannung. Diese sendet in die zweite Wicklung des Hintermotors einen zusätzlichen Erregerstrom, so daß die Tourenzahl der Krämerkaskade um einen gewissen Betrag, der in bestimmter Größe vorauszusetzen ist, sinkt und der um so größer ist, je höher die Belastung wird. Bei einem Sinken der Kaskadenbelastung unter jenen Wert $L$ würde umgekehrt die Gleichstromnetzspannung die der Dynamo $D_1$ überwiegen und das Feld im Hintermotor geschwächt werden. Um die daraus folgende Tourensteigerung zu verhindern, sind eine Anzahl Aluminiumzellen (7) angeordnet, die den Strom nur in einer Richtung durchlassen, so daß im letzteren Fall also gar kein Strom innerhalb des Schlupfregulieraggregates zustande kommt.

**c) Herstellung eines festen Drehzahlverhältnisses zweier Regelsätze.**
Eine derartige Vorrichtung zeigt Abb. 18. $H_1$ und $H_2$ seien die Hintermotoren der beiden Aggregate, die über einen Tirrillregler ($TR$) elektrisch
gekuppelt sind. Der größere Regelsatz $I$ bestimme die Drehzahl, der
der Satz $II$ unabhängig von der Belastung folgen muß. Das einstell-
bare Verhältnis der Drehzahlen ist beliebig. Der Hintermotor $H_2$ besitzt zwei fremderregte Wicklungen, von denen die eine (Wicklung $a$)
vom Gleichstromnetz, die andere (Wicklung $b$) von einem kleinen Erregerumformer ($M$ u. $E$) gespeist wird, dessen Spannung von dem Tirrillregler beeinflußt wird. Die Wicklung $a$ besitzt einen Nebenschluß-

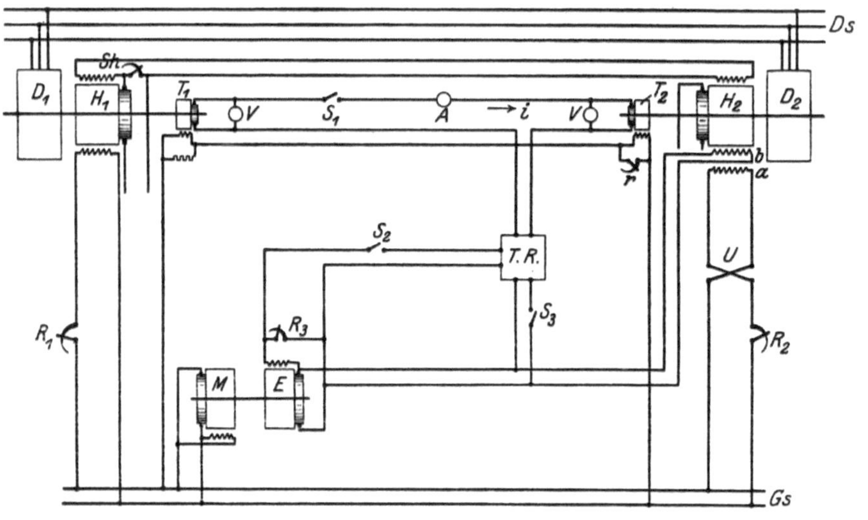

Abb. 18.

regler $R_2$ mit Umkehrung. Zuerst wird nun der Regelsatz $I$ auf bekannte
Art angelassen, darauf der Erregersatz $M$—$E$, wodurch die Wicklung $b$
von einem gewissen Erregerstrom durchflossen wird. Schließlich wird
Regelsatz $II$ auch angelassen, wobei der Regeler $R_2$ derart eingestellt
wird, daß die Wicklung $a$ so erregt wird, daß die Wirkung der Wicklung $b$
gerade aufgehoben wird. $H_2$ ist dann unerregt und der Satz $II$ auf
seiner höchsten Leerlaufdrehzahl. Nun wird mit dem Regler $R_1$ die
gewünschte Leerlaufdrehzahl des Satzes $I$ eingestellt und mit $R_2$
eine Drehzahl, die um einen festen kleinen Betrag, der sich aus der Praxis
ergibt, höher ist als die gewünschte Drehzahl des Satzes $II$. Dabei
wird die Erregung $a$ umgeschaltet, damit sie im selben Sinne wirkt
wie die von $b$. Durch diese Umschaltung wird vermieden, daß bei er-
regtem Hintermotor von der Wicklung $a$ ein Teil der für eine bestimmte
tiefere Drehzahl nötigen Erregung nutzlos auf die Aufhebung der $AW$

mit gegenteiliger Wirkung verwendet werden muß. Jetzt wird Schalter $S_1$ geschlossen und der zwischen den mit verschiedenen Drehzahlen laufenden Tourendynamos ($T_1$ und $T_2$) fließende Ausgleichstrom $i$ mittels des Nebenschlußreglers $r$ der einen Tourendynamo auf 0 gebracht. Schließlich wird durch die Schalter $S_2$ und $S_3$ der Tirrillregler angeschlossen.

Wenn nun z. B. durch Belastung der Regelsatz $I$ in der Drehzahl nachläßt, wird sich infolge der Spannungserniedrigung der Tourendynamo $T_1$ ein gewisser Ausgleichsstrom $i$ bilden, der den Netzspannungsmagneten des Tirrillreglers zum Ansprechen bringt. Dadurch wird ein

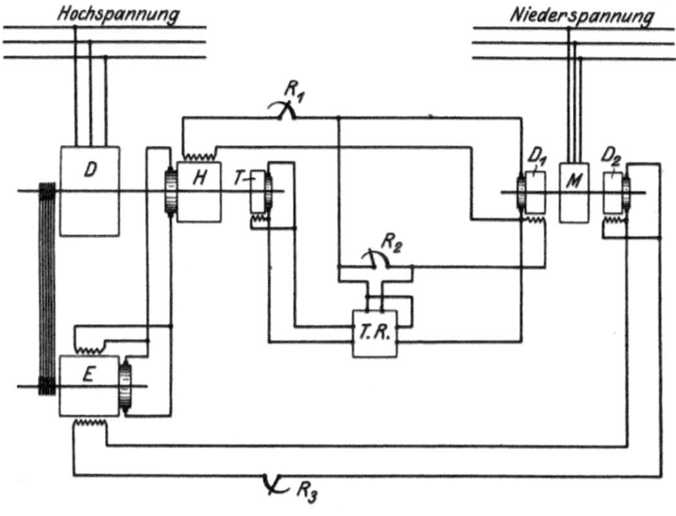


Abb. 19.

periodisches Öffnen und Schließen des den Feldregler $R_3$ der Erregerdynamo kurzschließenden Kontaktpaares bewirkt und somit eine Feldverstärkung durch Wicklung $b$ in dem Maße, daß das konstante Drehzahlverhältnis beider Maschinensätze wieder hergestellt wird. Der Antriebsmotor des Erregersatzes kann natürlich von Dreh- oder Gleichstrom gespeist werden.

**d) Konstanthaltung der Drehzahl.** Abb. 19 zeigt eine Vorrichtung zur Konstanthaltung der Drehzahl des Aggregates, wenn es sich darum handelt, die geringe Tourenerhöhung der Kaskade mit Nebenschlußhintermotor ($H$) bei Entlastung zu verhindern. Auf der Hauptwelle ist eine Tourendynamo ($T$) angebaut, deren Spannung proportional der Drehzahl ist und die konstant gehalten werden soll. Dies erfolgt mit Hilfe eines Tirrillreglers ($TR$). Die Erregerenergie für das Feld des Hintermotors muß in einem kleinen Erregerumformer ($M$—$D_1$)

erzeugt werden. Der Erregerspannungsmagnet des Tirrillreglers liegt an der Spannung der Erregerdynamo ($D_1$), der Netzspannungsmagnet an den Klemmen der Tourendynamo ($T$) und der Nebenschlußregler $R_2$ der Erregerdynamo wird periodisch über das Relais-Kontaktpaar des Tirrillreglers kurzgeschlossen. Mit dieser Einrichtung wird die Vollastdrehzahl konstant aufrecht erhalten bei Entlastung des Aggregates. Durch die Drehzahlerhöhung liefert die Tourendynamo eine größere Spannung und somit einen größeren Strom in den Netzspannungsmagneten des Tirrillreglers, dessen Kern aus dem Gleichgewicht gebracht wird und so ein Schließen des Relaiskontaktpaares über das Hauptkontaktpaar bewirkt. Durch periodisches Kurzschließen des Nebenschlußreglers $R_2$ der Erregerdynamo entsteht eine größere Erregerspannung, und somit wird infolge der verstärkten Erregung des Hintermotors die leerlaufende Kaskade eine tiefere Drehzahl annehmen. Der Tirrillregler muß nun so bemessen sein, daß er bei Leerlauf gerade eine solche Feldverstärkung im Hintermotor hervorruft, daß die Vollastdrehzahl sich einstellt.

**Bemerkung.** Um beim Abschalten der Felder des Einankerumformers und des Hintermotors die plötzlich frei werdende magnetische Energie aufzufangen und sie nicht in Form eines Abschaltfunkens am Schalter auswirken zu lassen, wird meist ein Schutzwiderstand parallel zu diesen Feldern liegend eingebaut. Die im ersten Augenblick des Abschaltens der Erregungen auftretende induktive Spannung entlädt sich also über einen Kreis, der den Kombinationswiderstand $r$ der beiden parallel liegenden Felder und den Widerstand $R$ des Schutzwiderstandes enthält. Schätzen wir diese Spannung auf 1000 Volt, die Hälfte der Prüfspannung der Wicklung laut den REM und bedeutet $e$ die Erregerspannung der Felder, so ist, wenn $i_1$ und $i_2$ die normalen Erregerströme in den fremd erregten Feldwicklungen sind:

$$1)\ e = (i_1 + i_2) \cdot r\,; \qquad 2)\ 1000 = (i_1 + i_2)\,(r + R)\,.$$

Somit folgt:

$$R = \frac{1000 - e}{i_1 + i_2}$$

Der Schutzwiderstand hat also $R$ Ohm und ist für $I = \dfrac{e}{R}$ Amp. zu bemessen.

# C. Die Scherbiuskaskade.

## 1. Schaltung, Arbeitsweise und Anwendung.

Die Schaltung der Kaskade mit Umformer ist aus Abb. 20 ersichtlich. Wie bei der Krämerkaskade sind auch hier die Schleifringe des vom Drehstromnetz gespeisten normalen Induktionsmotors ($I$) mit denen des Einankerumformers (*2*) verbunden, der je nach der Leistung drei- oder sechsphasig ausgebildet wird. Der Umformer arbeitet nun gleichstromseitig nicht auf einen mit dem Drehstrommotor gekuppelten Hintermotor, sondern auf einen Motorgenerator, bestehend aus dem Gleichstrommotor (*3*) und dem Asynchrongenerator (*4*), der seine Energie in das Drehstromnetz liefert.

Das Ingangsetzen des Aggregates erfolgt in nachstehender Weise. Zuerst wird der Drehstrommotor (*1*) bei geöffnetem Schalter (*14*) für sich mittels des Flüssigkeitsanlassers (*5*) normal angelassen. Dann wird der Motorgenerator (*3—4*) drehstromseitig mit Hilfe des Anlassers (*5a*) auf Touren gebracht. Der mit Anlaßanker ausgerüstete Asynchrongenerator (*4*) läuft also zunächst als normaler Induktionsmotor und treibt die Gleichstrommaschine (*3*) als leerlaufenden Generator an. Auf der Welle des Motorgenerators sitzt eine Erregerdynamo (*8*), die die fremderregten

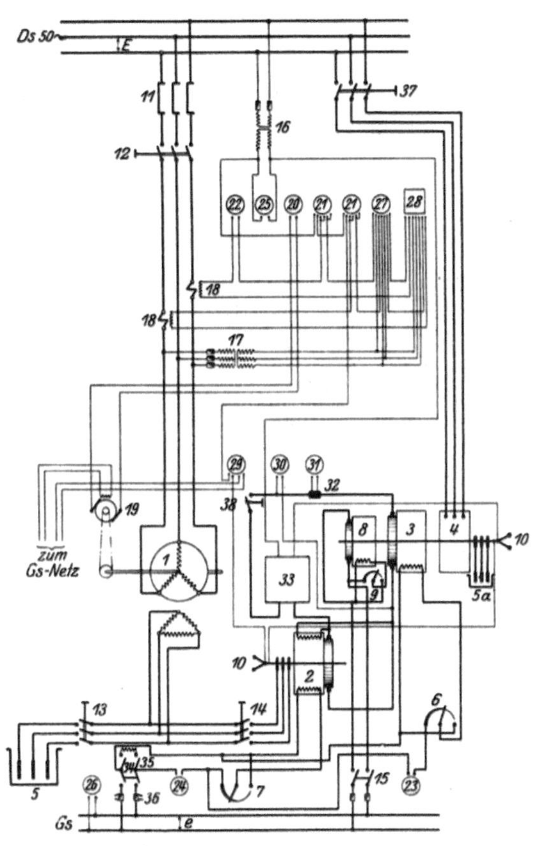

Abb. 20. Scherbiuskaskade.

Felder des Einankerumformers und der Gleichstrommaschine speist. Nunmehr wird mittels des Schalters (*14*) der Einankerumformer, nachdem er voll erregt ist, an die Schleifringe des Hauptmotors (*1*) gelegt; er kommt auch hier allein in Synchronismus. Der Stromkreis zwischen Einankerumformer und Gleichstrommotor wird jetzt durch den Schalter (*38*) geschlossen, der Anlasser (*5*) durch Schalter (*13*) abgeschaltet und das Feld der Gleichstrommaschine mittels des Reglers (*6*) verstärkt.

Die Einstellung verschiedener Drehzahlen der Kaskade wird durch Änderung der Erregung des Gleichstrommotors (*3*) bewirkt. Wird z. B. sein Feld verstärkt, so sinkt der Asynchrongenerator plötzlich so weit in der Drehzahl, daß er als Motor läuft. Die EMK der nunmehr als Generator wirkenden Gleichstrommaschine überwiegt die des Einankerumformers, da die Feldverstärkung weit mehr Einfluß auf die Größe ihrer Spannung hat als die geringe Tourenerniedrigung. Der Umformer erfährt also durch den ihm von der Gleichstrommaschine aufgedrückten Strom eine Beschleunigung, seine Periodenzahl und Spannung wachsen, der Rotor des Drehstrommotors kommt dementsprechend mehr zum Schlüpfen, bis Einankerumformer und Gleichstrommaschine wieder gleiche EMK aufweisen. Dann wird der Gleichstrommaschine zwangsweise wieder die Schlupfenergie zugeführt, sie wird somit wieder zum Motor und steigt in ihrer Drehzahl so weit, wie es dem Schlupf des nunmehrigen Asynchrongenerators entspricht. Gemäß dem verlangten Drehmoment stellt sich dann bei der kleineren Drehzahl des Drehstrommotors das Gleichgewicht ein.

Wird das Feld des Gleichstrommotors geschwächt, so sucht er sich zu beschleunigen, wird jedoch vom Asynchrongenerator, der auf ein Netz gegebener Spannung arbeitet, daran gehindert. Er vermindert daher seine EMK, so daß der Einankerumformer auf Kosten seiner Schwungenergie als Generator zusätzlichen Strom in den Gleichstrommotor schickt. Periodenzahl und Spannung des Umformers müssen abnehmen, und der Drehstrommotor nimmt infolgedessen kleineren Schlupf an, bis Einankerumformer und Gleichstrommotor gleiche EMK haben. Die Stabilität in der neuen höheren Drehzahl des Drehstrommotors stellt sich je nach der Belastung der Kaskade ein. So kann wie bei der Krämerkaskade auch hier die Drehzahl des Drehstrommotors in einfacher Weise durch Änderung der Erregung des Gleichstrommotors innerhalb des vorgesehenen Regelbereiches beliebig einreguliert werden.

Von der dem Stator des Drehstrommotors zugeführten Energie wird nur ein Teil mechanisch an der Welle nutzbar abgegeben, der Rest wird über Einankerumformer und Motorgenerator wieder in elektrischer Form an das Netz zurückgeliefert. Ist $\nu_1$ die Netzfrequenz, $\nu_2$ die Schlupffrequenz im Rotor — wobei $\nu_2 = \dfrac{s}{100} \cdot \nu_1$ — und $L_0$ die Luftspaltleistung des Drehstrommotors, so ist ohne Berücksichtigung der Verluste in den einzelnen Maschinen die mechanisch an der Welle abgegebene Leistung bei beliebiger Regelung:

$$L_m = L_0 \cdot \frac{100 - s}{100} = L_0 \cdot \frac{\nu_1 - \nu_2}{\nu_1}.$$

Unter Annahme konstanter Luftspaltleistung des Drehstrommotors, d. h. konstanter Stromentnahme aus dem Drehstromnetz bei allen Drehzahlen der Kaskade ergibt sich somit die wichtige Tatsache, daß die Scherbiuskaskade mit konstantem Drehmoment, also mit der Drehzahl proportional wachsender Leistung arbeitet. Der auf den Rotor elektrisch übertragene Teil der Leistung ist:

$$L_e = L_0 \cdot \frac{s}{100} = L_0 \cdot \frac{v_2}{v_1},$$

oder da nach oben $L_0 = L_m \cdot \dfrac{v_1}{v_1 - v_2}$ ist:

$$L_e = L_m \cdot \frac{v_2}{v_1 - v_2}.$$

Bei einer Regelung auf $50^0/_0$, d. h. $v_2 = {}^1/_2 v_1$ wird somit $L_e = L_m$. Dann ist also die mechanisch ausgenutzte Leistung gleich der in das Netz zurückgelieferten elektrischen Energie; bei Schlupffrequenzen kleiner als ${}^1/_2 v_1$ überwiegt die erstere.

Bezüglich der in Abb. 20 dargestellten ausführlichen Schaltung der Scherbiuskaskade ist zu bemerken, daß alle bei der Krämerkaskade bereits eingehend beschriebenen Meßinstrumente, Verriegelungen und Sicherungen auch hier in entsprechender Weise einzubauen sind. Auch die Gleichstrommaschine besitzt hier einen Zentrifugalschalter als Schutz gegen Durchgehen, wenn sie bei unerregtem Feld und nicht an das Netz geschlossenem Asynchrongenerator an Spannung liegen sollte. Ferner müssen der im Ankerstromkreis der Gleichstrommaschine liegende Schalter (38) und der Netzschalter (12) des Drehstrommotors derart zwangsweise voneinander abhängen, daß bei offenem Schalter (38) der Schalter (12) selbsttätig herausfällt. Schalten wir nämlich den Hintermotor vom Einankerumformer ab, ohne gleichzeitig die elektrische Verbindung des letzteren mit dem Vordermotor zu lösen, so dient die Schlupfleistung, die vom Vordermotor, in dem sich bei Belastung ein gewisser Strom und eine gewisse Läuferspannung einstellen, dem Einankerumformer aufgezwungen und im normalen Betrieb durch die Hintermaschinen auf das Netz übertragen wird, zur Beschleunigung des Umformers. Seine Gegen-EMK wird somit größer, der Vordermotor läuft langsamer, um das Gleichgewicht wieder herzustellen; dabei wächst die Schlupfleistung, der Einankerumformer erhält einen neuen Beschleunigungsstoß, der auf weitere Bremsung des Vordermotors wirkt, bis dieser schließlich zum Stillstand kommt und der Einankerumformer mit 50 Per. läuft. Wenn der Umformer also gleichstromseitig abgeschaltet wird, während er drehstromseitig mit dem Läufer des Drehstrommotors verbunden bleibt, dessen Ständer am Netz liegt, steigt die Drehzahl des Einankerumformers, bis sie der Netzfrequenz entspricht, während der Vordermotor zum Stillstand kommt. Dieser Endzustand wird um so schneller erreicht je größer die mechanische Belastung und der Schlupf des Vordermotors, d. h. je größer die Schlupfleistung ist, und je kleiner $\dfrac{GD^2}{p^2}$ der Hauptwelle im Verhältnis zu $\dfrac{GD^2}{p^2}$ des Einankerumformers ist. Es ist mithin unbedingt erforderlich, durch Verriegelungen dafür zu sorgen, daß der Vordermotor bei Unterbrechung des Gleichstromkreises vom Netz abgeschaltet wird. Damit bei offenem Schalter (38) der Drehstrommotor angelassen werden kann, wird in der Endstellung des Reglers (6) der Gleichstrommaschine der in (38) offene Nullspannungskreis des Schalters (12) durch (6) geschlossen.

Im übrigen sei bezüglich der Einzelheiten des Betriebes, insbesondere in Bezug auf die auch hier erfolgende Phasenverbesserung der Kaskade auf cos $\varphi = 1$ oder fast 1 durch Übererregung des Einankerumformers auf die obigen ausführlichen Darlegungen über die Krämerkaskade verwiesen.

Die Scherbiuskaskade findet, wie schon erwähnt, hauptsächlich Anwendung zum Antrieb von großen Ventilatoren und Pumpen, wo für den Hintermotor der Krämerkaskade kein Platz ist oder aus anderen Gründen eine getrennte Aufstellung der Hintermaschinen gewünscht wird. Ihr Wirkungsgrad ist zwar, wie wir im folgenden Kapitel sehen werden, bei großen Regelungen bedeutend schlechter als bei der Kaskade mit Hintermotor, doch sind dann die absoluten Verluste infolge der Leistungsabnahme der Ventilatoren und Pumpen mit der dritten Potenz der Drehzahl verhältnismäßig gering.

## 2. Berechnung der Scherbiuskaskade.

Sie erfolgt in derselben Weise und nach denselben Gesichtspunkten wie bei der Krämerkaskade, nur in zwei Punkten besteht ein Unterschied. Während bei letzterer mit Vernachlässigung der Rotorverluste die vom Rotor elektrisch abgegebene Schlupfleistung $L_e = L_m \cdot \dfrac{\nu_2}{\nu_1}$ ist, beträgt sie bei der Scherbiuskaskade nach oben $L_e = L_m \cdot \dfrac{\nu_2}{\nu_1 - \nu_2}$, wenn $L_m$ die gesamte mechanisch an die Welle abgegebene Leistung des Aggregates ist.

Wird also bei einer bestimmten Drehzahl $n$ einer Drehstrom-Gleichstromkaskade eine gewisse mechanische Leistung $L_m$ an der Welle verlangt, so ist die vom Rotor des Drehstrommotors auf den Einankerumformer und die Hintermaschine elektrisch übertragene Leistung bei der Scherbiuskaskade $\dfrac{\nu_1}{\nu_1 - \nu_2}$ mal so groß wie bei der Krämerkaskade. Während ferner die Luftspaltleistung des Vordermotors unter Annahme verlustloser Maschinen bei der Krämerkaskade $L_0 = L_m$ ist, ergibt sie sich bei der Scherbiuskaskade zu $L_0 = L_m + L_e = L_m \left( 1 + \dfrac{\nu_2}{\nu_1 - \nu_2} \right)$ $= L_m \cdot \dfrac{\nu_1}{\nu_1 - \nu_2}$. Es folgt daraus, daß zur Erzielung der verlangten mechanischen Gesamtleistung $L_m$ bei der Drehzahl $n$ in der Scherbiusschaltung sämtliche Maschinen des Aggregates für eine $\dfrac{v_1}{v_1 - v_2}$ mal größere Leistung zu bemessen sind als in der Krämerschaltung. Wird z. B. die Leistung $L_m$ bei der halben synchronen Drehzahl des Vordermotors verlangt, so ist unter sonst gleichen Umständen der Regelsatz nach Scherbius für die doppelte Leistung auszulegen wieder nach Krämer. Diese Verhältnisse treten bei Walzwerksantrieben auf, wo eine konstante mechanische Leistungsabgabe $L_m$ bei allen Drehzahlen verlangt wird. In diesem Fall ist der Krämerkaskade also unbedingt der Vorzug vor der Scherbiuskaskade zu geben. Für $v_2$ ist dann die der tiefsten Drehzahl des Aggregates entsprechende Rotorfrequenz einzusetzen.

Wird im ganzen Regelbereich ein konstantes Drehmoment verlangt, so verschiebt sich die Sachlage zugunsten der Scherbiuskaskade. Mit wachsender Drehzahl nimmt also die mechanische Leistung zu, und zwar wird, wenn $L'_m$ die einer höheren Drehzahl $n'$ entsprechende Leistung ist: $L'_m = L_m \cdot \dfrac{n'}{n}$ oder, wenn $v'_2$ die zu $n'$ U. p. M. gehörige Schlupffrequenz des Vordermotors ist: $L'_m = L_m \cdot \dfrac{v_1 - v'_2}{v_1 - v_2}$.

Bei Krämer wird folglich:

$$1.\ L_0 = L'_m,$$

$$2.\ L_e = L'_m \cdot \frac{v'_2}{v_1};$$

und bei Scherbius:

$$3.\ L_0 = L'_m \cdot \frac{v_1}{v_1 - v'_2},$$

$$4.\ L_e = L'_m \cdot \frac{v'_2}{v_1 - v'_2}.$$

Durch Division der Gleichungen (1) und (3) erhalten wir das Verhältnis beider Luftspaltleistungen zu: $X = \dfrac{v_1 - v'_2}{v_1}$; der Quotient von (2) und (4) ergibt das Verhältnis der vom Rotor des Drehstrommotors abgegebenen elektrischen Leistung zu $Y = \dfrac{v_1 - v'_2}{v_1}$. Die höchste Drehzahl der theoretischen, verlustlosen Kaskade ist nun die synchrone Drehzahl des Vordermotors; für sie wird $v'_2 = 0$ und somit $X = 1$ und $Y = 1$. Soll das Aggregat also konstantes Drehmoment liefern, so sind bei der Krämerschaltung sämtliche Maschinen für dieselbe Leistung zu bemessen wie bei der Scherbiusschaltung. Keine der beiden Kaskaden ist in diesem Falle also ohne weiteres als günstiger anzusehen, die Wahl zwischen beiden hat nach ihren Kosten, Wirkungsgraden und ihrem Platzbedarf zu erfolgen.

Um den Leistungsfaktor einer Scherbiuskaskade auf 1 zu bringen, ist bei demselben cos $\varphi$ des Drehstrommotors eine größere Übererregung des Einankerumformers nötig als bei der Krämerschaltung, da hier außer dem Drehstrommotor noch der Asynchrongenerator dem Netz Blindleistung entnimmt. Wie die Abb. 9 und 10, die die Regeldiagramme einer Scherbiuskaskade bei höchster und tiefster Drehzahl darstellen, zeigen, muß also bei der Feststellung der Größe und der Phase der Rotorspannung die Blindkomponente des Asynchrongenerators (Strecke $A'A''$) berücksichtigt werden. Die Aufzeichnung des Diagrammes erfolgt im übrigen genau wie bei der Krämerkaskade. Der Deutlichkeit halber sind die Diagramme für kleinsten und größten Schlupf getrennt gezeichnet, wobei die Leistung beide Male ganz verschieden ist. $O'B$ ist wieder der Magnetisierungsstrom des Vordermotors, $OO'$ seine Eisenverluste, $OD$ die primäre Phasenspannung nach Abzug des Ohmschen Abfalles im Ständer, wobei auch hier $OD = 100\,\mathrm{mm}$ gewählt wurde. Es ist nun bei der höchsten Drehzahl (Schlupffrequenz 4 Per.) ein erzielbarer Kaskadenleistungsfaktor von 0,97 Nacheilung, bei der niedrigsten Drehzahl (Schlupffrequenz 8 Per.) ein solcher von 0,99 Nacheilung angenommen. Ist $OA$ die Wirkkomponente der Leistungsaufnahme, so stellt $AA'$ die gesamte, von Vordermotor und Asynchrongenerator dem Netz entnommene Blindleistung bei einem Leistungsfaktor des Aggregates von 0,97 bzw. 0,99 dar. Subtrahieren wir davon den auf letzteren allein entfallenden Teil $A'A''$, so erhalten wir in $AA''$ die Blindkomponente des Drehstrommotors, in $OA''$ somit seine Scheinleistung bzw. seinen Primärstrom und in $A''B$ seinen Sekundärstrom. Tragen wir nun weiter in derselben Weise wie bei der Krämerkaskade den induktiven Abfall $DE$ bzw. $DE'$ senkrecht $A''C$ und den Ohmschen Abfall im Rotor $EG$ bzw. $E'F$ parallel $A''B$ in das Diagramm ein, so erhalten wir in $OG$ bzw. $OF$ Größe und Richtung der Rotorspannung bei kleinstem und größtem Schlupf. Um die im Einankerumformer erforderliche Voreilung zu finden, bestimmen wir den Schnittpunkt $K$ bzw. $H$ einer Parallelen zu $OG$ bzw. $OF$ durch $B$ mit einem Kreise von 5 cm Radius durch $B$, dessen Mittelpunkt $M$ auf $A''B$ liegt. $BK$ bzw. $BH$ ergibt dann den cos der Voreilung im Umformer.

Bei konstantem Drehmoment ist auch die Gleichstromstärke in den Hintermaschinen konstant. Bei einem mit der Drehzahl abnehmenden Drehmoment — bei Ventilatoren usw. mit der 2. Potenz z. B. — tritt bei niedrigster Drehzahl der Kaskade die maximale Gleichspannung, bei höchster Drehzahl jedoch der maximale Gleichstrom auf. Einankerumformer und Gleichstrommaschine sind also für eine Scheinleistung zu bemessen, die sich aus dem Produkt der größten Spannung und Stromstärke, die nicht gleichzeitig auftreten, ergibt. Der Asynchrongenerator hingegen braucht nur für die tatsächlich auftretende größte Schlupfleistung ausgelegt werden, die meist in der Nähe der kleinsten Drehzahl des Drehstrommotors liegt.

## 3. Doppelzonenregelung.

Es gilt im wesentlichen auch hier das bereits bei der Krämerkaskade Ausgeführte. Durch Umkehrung des Feldes in der Gleichstrommaschine erreicht man übersynchronen Lauf des Drehstrommotors. Der Asynchrongenerator arbeitet dann als Motor, der die Gleichstrommaschine als Generator antreibt. Diese schickt somit über den Einankerumformer Strom in den Rotor des Drehstrommotors, der als doppeltgespeister Motor eine übersynchrone Drehzahl annimmt. Das Aggregat arbeitet auch dann mit konstantem Drehmoment; mit wachsender Tourenzahl entnimmt der Motorgenerator dem Drehstromnetz immer mehr Energie und führt sie dem Drehstrommotor zu.

Bei leerlaufendem Ventilator oder dgl. dürfte der Übergang zum Übersynchronismus nicht schwierig sein, jedenfalls leichter als bei der Krämerkaskade, deren Hintermaschine in diesem Falle, wie wir sahen, auf die Hauptwelle ein bremsendes Gegendrehmoment ausübt. Jedoch fehlen auch hier zur Zeit noch genauere Versuche. Der Ausfall eines gewissen Regelbereiches bringt bei diesen Arbeitsmaschinen keinen großen Nachteil mit sich, da nur stufenweise Regelung erforderlich ist. Aus denselben Gründen, wie sie schon bei der Krämerkaskade besprochen wurden, ist bisher noch keine Scherbiuskaskade für Doppelzonenregelung ausgeführt worden.

# D. Wirtschaftliche Untersuchungen.

Wenn es sich darum handelt, aus einem Drehstromnetz einen Motor zu speisen, der innerhalb eines bestimmten Bereiches auf verschiedene Drehzahlen einreguliert werden soll, wobei die Leistung konstant oder mit der Tourenzahl abnehmend ist, so werden heutzutage folgende Verfahren in der Hauptsache angewendet.

a) Die einfachste, in den Anschaffungskosten billigste, zugleich aber meist unwirtschaftlichste Art besteht in der Regelung eines am Drehstromnetz liegenden Induktionsmotors durch Einschalten von Widerstand in den Rotorkreis. Hierbei kann der Motor konstantes Drehmoment, bei größeren Regelungen nur ein kleineres als das normale Drehmoment abgeben, wie es weiter unten angegeben werden wird. Wesentlich wirtschaftlicher stellen sich folgende Reguliermethoden.

b) Die Regelung eines am Drehstromnetz angeschlossenen Induktionsmotors mittels einer Krämerkaskade. Dabei kann die mechanische Leistungsabgabe des Aggregates bei verschiedenen Drehzahlen konstant oder abnehmend sein, je nachdem der Strom konstant oder abnehmend ist.

c) Die Regelung eines Drehstrommotors durch die Scherbiuskaskade, wobei das vom Regelsatz gelieferte Drehmoment bei allen Tourenzahlen konstant oder abnehmend ist, je nachdem der Strom konstant oder abnehmend ist, die mechanische Leistung also mit der Drehzahl sich vermindert.

d) Die Regelung eines Induktionsmotors durch die Kaskadenschaltung mit einem Drehstromkollektormotor in mechanisch gekuppelter oder getrennter Form. Diese Methode hat den Nachteil, daß bei größeren Leistungen Kommutierungsschwierigkeiten auftreten und die Kosten eines solchen Aggregates meist höher sind als bei anderen Regulierarten.

e) Die Regelung eines Drehstrommotors mittels des Heylandschen Frequenzwandlers ist bisher beschränkt auf ca. 200 kVA Schlupfleistung und bis $\pm\,20\,^o/_0$ Regulierung.

f) Eine stets anwendbare Methode besteht schließlich darin, daß man den Drehstrom durch einen Einankerumformer in Gleichstrom verwandelt und diesen zur Speisung eines regelbaren Gleichstrommotors benützt, womit man das Problem einer wirtschaftlichen Regelung des Drehstrommotors umgangen und es auf die leicht zu lösende Aufgabe der Regelung eines Gleichstrommotors zurückgeführt hat. Die abgegebene Leistung ist entweder konstant bei jeder Drehzahl oder mit ihr abnehmend, je nachdem der Strom konstant oder abnehmend ist.

Es ist nun Aufgabe der folgenden Zeilen, die Wirtschaftlichkeit der Regelung von Drehstrommotoren mittels Widerstandes, Krämer- und Scherbiuskaskade sowie durch Umformung des Drehstromes in Gleichstrom, d. h. Regulierarten, die auch für große Leistungen in Betracht kommen, zu untersuchen und untereinander zu vergleichen.

Zu diesem Zweck wird ein Walzwerksantrieb angenommen mit der dafür oft verwendeten synchronen Drehzahl von 250 U. p. M. für den Drehstrommotor, der an einem 3000 Volt-Netz liege. Die Leistungen und die Größe des Regelbereiches werden variiert und zwar sind die Induktionsmotoren bemessen für 160, 400, 1000, 2000 und 3200 kW, ihre Regelung ist bis auf 90, 75, 60, 50 und $35\,^o/_0$ der synchronen Drehzahl $(250\,n)$ angenommen, d. h. bis herab auf 225, 187,5, 150, 125, 87,5 U. p. M. Als höchste Drehzahl der Drehstrom-Gleichstromkaskaden wird nach früheren Erörterungen 235 U. p. M. gewählt unter Annahme eines Nebenschlußcharakters des Aggregates. Für diese Verhältnisse sind vom Verfasser rechnerisch die Wirkungsgrade unter Zugrundelegung der Bedingungen für Walzwerksbetrieb ermittelt worden. Die Zusammenstellung der Verluste in den einzelnen Maschinen der verschiedenen Aggregate sowie die daraus folgende Berechnung des Wirkungsgrades befindet sich im Anhang. Die ermittelten Werte wurden graphisch aufgetragen, um aus diesem Kurvenmaterial wichtige, grundsätzliche Folgerungen zu ziehen, die nachstehend behandelt werden.

# 1. Widerstandsregelung.

Der Rotor des Asynchronmotors strebt bekanntlich einen mit dem im Stator erzeugten Drehfeld synchronen Lauf an. Bereits im Leerlauf ist jedoch ein gewisser kleiner Schlupf nötig, um die Reibungsarbeit und den geringen Spannungsabfall im Läufer, der dadurch entsteht, zu decken. Bei Belastung stellt sich ein größerer Schlupf ein, damit dem größeren Spannungsabfall im Rotor das Gleichgewicht gehalten wird von einer größeren Gegenspannung, zu deren Erzeugung dieser größere Schlupf nötig ist. Während die Rotorspannung bei Synchronismus (Schlupf $s = 0$) gleich 0 ist, erreicht sie bei Stillstand des Läufers ($s = 1$) ein Maximum, wie es sich aus der transformatorischen Übersetzung ergibt. Im Rotor entsteht also eine dem Schlupf proportionale Spannung und Periodenzahl. Ist $R$ der gesamte Widerstand im Rotor, $I_r$ der Rotorstrom, $L_e$ die effektive Leistung in Watt und $R\,bg$ die Reibung des Motors, so ist der Schlupf:

$$s = \frac{I_r^2\,R}{L_e + Rbg + I_r^2\,R}\,.\tag{1}$$

Hiermit ist ein Weg zur Tourenregelung gegeben. Man erhöht die Rotorkupferverluste durch Zuschalten von Widerstand im Läufer und erhält so verschiedenen Schlupf, d. h. verschiedene Drehzahlen. Ist $R_2$ der gesamte Widerstand der Rotorwicklung, $R_x$ der zur Erreichung eines gewissen Schlupfes notwendige Zusatzwiderstand im Rotor und $R = R_2 + R_x$, so ist nach oben

$$I_r^2\,R\,(1 - s) = s\,(L_e + Rbg).$$

Der für einen beliebigen Schlupf nötige Vorschaltwiderstand ergibt sich also zu:

$$R_x = \frac{s\,(L_e + Rbg)}{I_r^2\,(1 - s)} - R_2\,.\tag{2}$$

Diese einfache Art der Regelung hat jedoch mehrere erhebliche Nachteile, so daß sie nur in speziellen Fällen zur Anwendung kommt. Einmal ist bei einer gewissen eingestellten Drehzahl der dem eingeschalteten Widerstand entsprechende Spannungsabfall veränderlich mit dem Rotorstrom, d. h. auch mit dem abgegebenen Drehmoment, so daß sich die Drehzahl mit der Änderung des Drehmomentes ebenfalls ändert. Der Drehstrommotor hat dann also Hauptstromcharakteristik. Ferner geht bei dieser Regelung in dem Widerstand, der zur Erzeugung des nötigen Spannungsabfalles dient, eine jeweils der Leistung und dem Schlupf entsprechende Energiemenge verloren. Ist $E_r$ die Rotorspannung in Volt, $I_r$ der Rotorstrom, $R$ der Widerstand im Läufer, so ist die im Rotor in Wärme umgesetzte Arbeit: $E_r \cdot I_r = I_r^2 \cdot R$. Wächst $R$, so muß der dadurch hervorgerufene Mehrbedarf an Energie (bei konstantem $I_r$, also konstantem Drehmoment) über den Stator dem Netz entnommen werden, da ja der Rotor an keine äußere Stromquelle angeschlossen ist.

Es sei nun das Drehmoment, also auch $I_r$ konstant. Die effektive Leistung $L_e$ geht dann proportional mit der Drehzahl zurück. Die Rotorspannung ist proportional dem Schlupf, also

$$E_r = k \cdot s; \quad E_r = I_r R$$

und somit

$$s = \frac{I_r R}{k} \; ; \text{ da } I_r = \text{konstant, folgt}$$

$$s = c \cdot R. \tag{3}$$

Die Schlüpfung nimmt also im selben Verhältnis zu, wie der Rotorwiderstand. Die im Widerstand vernichtete Energie ist demnach

$$E_r \cdot I_r = k \cdot s \cdot I_r = k_1 \cdot s;$$

sie vergrößert sich also proportional dem Schlupf. Da bei konstantem Drehmoment der Statorfluß und der Rotorstrom bei allen Drehzahlen erhalten bleiben, ist auch der Statorstrom und die vom Stator aufgenommene Energie $L_1$ konstant. Die Verluste im Motor sind praktisch bei allen Drehzahlen dabei dieselben, da zwar die Rotoreisenverluste mit der $1{,}5^{\text{ten}}$ Potenz der Schlupfperiodenzahl wachsen, jedoch diese gegenüber der Summe der andern Verluste zu vernachlässigen sind. Die im Rotorwiderstand entstehenden Verluste sind $L_v = I_r{}^2 \cdot R$. Ist $L_e$ die effektive, an der Welle abgegebene Leistung bei beliebiger Drehzahl, $\eta$ der Motorwirkungsgrad bei der Vollastdrehzahl ohne vorgeschalteten Widerstand und $D$ das konstante Drehmoment, so ist

$$\frac{L_1 \cdot \eta}{L_e} = \frac{D \cdot n_{st}}{D \cdot n_r} = \frac{n_{st}}{n_r} . \tag{4}$$

Die geringe Abweichung der Vollastdrehzahl von der synchronen, die im Mittel je nach der Motorgröße und Drehzahl 1—3 $^0/_0$ beträgt, hat hierbei keinen merklichen Einfluß.

Somit ergibt sich:

$$L_e = L_1 \cdot \eta \cdot \frac{n_r}{n_{st}} .$$

Der Wirkungsgrad bei beliebiger Drehzahl ist dann

$$\eta' = \frac{L_e}{L_1} = \eta \cdot \frac{n_r}{n_{st}} . \tag{5}$$

Bei bekanntem Wirkungsgrad für volle Drehzahl und Leistung errechnet man demnach den Gesamtwirkungsgrad bei Drehzahlregelung mittels Widerstandsvorschaltung durch Multiplikation mit dem Verhältnis der geforderten Rotordrehzahl und der synchronen Drehzahl. Es ergibt sich also die wichtige Tatsache, daß der Gesamtwirkungsgrad eines Drehstrom-Induktionsmotors sich bei Widerstandsregelung im geraden Verhältnis mit der Drehzahlregelung verschlechtert. Die Regelung erfolgt hierbei also lediglich auf Kosten der Wirtschaftlichkeit. Bei Ventilatoren, wo das Drehmoment mit ungefähr der 2., die Leistung also mit der 3. Potenz der Drehzahl abnimmt, sind die Verluste bei kleineren Leistungen auch für größere Geschwindigkeitsregelungen durch Widerstand nicht gar zu groß, für größere Leistungen jedoch, wie sie z. B. für Grubenventilatoren in Betracht kommen, spielen sie eine beträchtliche Rolle.

Ferner ist noch ein wichtiger Punkt zu beachten. Da die von dem im Motor eingebauten Ventilator gelieferte Kühlluftmenge mit der 3. Potenz der Drehzahl zurückgeht, kann der Motor nicht bei jeder Drehzahl das konstante volle Drehmoment dauernd abgeben, falls die Erwärmung des Motors die zulässige Grenze nicht überschreiten soll. Bei konstantem Drehmoment darf man nur etwa auf 80 % der synchronen Drehzahl regulieren, kurzzeitig auf ca. 75 %, weitere Herabregelung ist nur unter gleichzeitiger Verminderung des Drehmomentes möglich. Die folgende Tabelle gibt ein ungefähres Bild der dauernden und kurzzeitigen Belastungsmöglichkeiten bei verschiedenen Regelbereichen.

| Regelbereich in % der synchronen Drehzahl | Regeldauer bei konst. normalen Drehmoment | Drehmoment bei dauernder Regelung in % des normalen |
|---|---|---|
| 80 | dauernd | 100 |
| 75 | 120 Min. | 90 |
| 60 | 60 ,, | 80 |
| 50 | 60 ,, | 80 |
| 40 | 45 ,, | 75 |
| 30 | 35 ,, | 40 |
| 25 | 30 ,, | 33 |

Die Widerstandsregelung eignet sich demnach wirtschaftlich nur für kleinere Regelbereiche und kurzzeitige Regulierdauer. Sie kommt daher zur Anwendung bei Motoren für Förderzwecke, die mit kleiner Geschwindigkeit anfahren, oder bei denen die Revision ebenfalls kleinere Drehzahlen erfordert; ferner bei Papiermaschinen mit Kalanderantrieben, Spinnereimotoren, deren Geschwindigkeit je nach der Fadenstärke einzustellen ist — hier wird jedoch immer mehr der mit besserem Wirkungsgrad arbeitende Drehstromkollektormotor, der auch einfach zu regulieren ist, bevorzugt — und schließlich bei Walzwerksbetrieben mit Ilgner-Schwungrad für eine Regelung bis auf ca. 85% der synchronen Drehzahl zur Ausnutzung der Schwungmassen.

Für die zu Beginn des Abschnittes angeführten Leistungen und Regelbereiche wurden nun die bei dieser Regelungsmethode erreichten

Wirkungsgrade berechnet und in den Abb. 21 und 22 graphisch aufgetragen. Abb. 21 zeigt sie in Funktion der Drehzahl des Drehstrommotors, die in Prozenten der synchronen Tourenzahl ausgedrückt ist. Nach obiger Erörterung, wonach der Wirkungsgrad hierbei proportional mit der Regelung abnimmt, müßten diese Kurven alle Gerade darstellen.

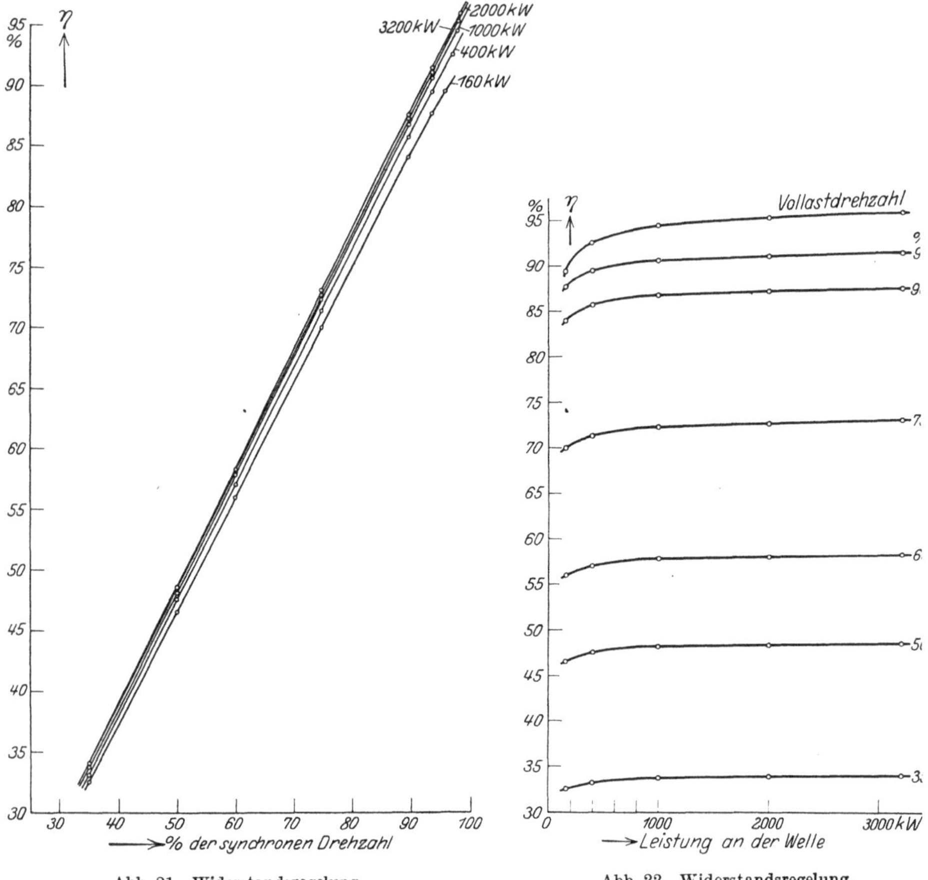


<table>
<tr><td>Abb. 21. Widerstandsregelung.</td><td>Abb. 22. Widerstandsregelung.</td></tr>
</table>

Es ist jedoch zu beachten, daß dies nur annähernd richtig ist, da in Gl. (4) auf S. 52 als höchste Motordrehzahl die synchrone $n_{st}$ eingesetzt wurde, d. h. die Leerlaufsverluste sind vernachlässigt. Je kleiner nun die Kupferverluste sind, desto größer ist der Einfluß der Eisen- und Reibungsverluste auf den Wirkungsgrad, desto größer ist mithin die Abweichung vom linearen Verlauf. Wie also auch Abb. 21 zeigt, ist innerhalb der kleinen Drehzahlen mit ihren beträchtlichen Kupferverlusten der Verlauf geradlinig, die Abweichung von der Geraden ist um so größer, je kleiner die Regelung ist, wobei sie bei kleinen Leistungen bedeutender wird, da dort die Leerlaufsverluste relativ zu den Kupferverlusten größer sind. Der letzte höchste Punkt jeder Kurve ist der Wirkungsgrad des Motors bei seinem natürlichen Schlupf, also bei höchster Vollastdrehzahl; der vorletzte Punkt, derjenige bei 6 % Schlupf (235 U. p. M.), der höchsten Drehzahl, die für die Drehstrom-Gleichstromkaskaden als maximal zulässig festgesetzt wurde. Als Ganzes zeigt Abb. 21 die starke Abnahme des Wirkungsgrades eines Drehstrommotors, der durch Vorschalten von Widerstand im Rotor reguliert wird.

Bei der Berechnung der Wirkungsgrade wurde ein konstantes Drehmoment vorausgesetzt, um Vergleiche mit den anderen Regelungsarten unter denselben Voraussetzungen machen zu können. Bei dauernder Regelung auf tiefere Drehzahlen müßte laut der Tabelle auf S. 53 die Belastung des Motors herabgesetzt werden, der Wirkungsgrad würde dann bei großer Regelung sich noch wesentlich verschlechtern. Abb. 22 zeigt den Verlauf der Wirkungsgrade in Funktion der Leistung. Hier erkennt man deutlich, wie dies auch schon aus Abb. 21 ersichtlich war, daß bei einer bestimmten Drehzahl die Größe der Leistung ohne wesentlichen Einfluß auf die Wirtschaftlichkeit ist und zwar um so weniger, je größer die Regelung ist. Von Bedeutung ist die Abnahme des Wirkungsgrades erst bei kleinen Leistungen und geringen Regelungen. Die oberste Kurve zeigt vergleichsweise den Verlauf der Wirkungsgrade bei Vollast und normaler Drehzahl, die zweitoberste bei 94 % Regelung entsprechend 235 U. p. M., der höchsten Kaskadendrehzahl.

## 2. Drehstrom-Gleichstromkaskaden.

**a) Krämerkaskade mit konstanter Leistung.** (Abb. 23—43.) In Abb. 23 sind die Wirkungsgrade der Krämerkaskaden für konstante Leistung und verschiedenen Regelbereich — auf 90, 75, 60, 50 und 35 % der synchronen Drehzahl des zu regelnden Drehstrommotors — bei der jeweiligen tiefsten Drehzahl, für die die Kaskade vorgesehen ist, bei Vollast und Halblast dargestellt. Man ersieht daraus die mit wachsender Regelung und kleiner werdender Leistung zunehmende Verschlechterung des Wirkungsgrades. Zu bemerken ist noch, daß die Wirkungsgrade für Halblast sämtlich unter denjenigen für Vollast liegen und zwar um so mehr, je größer die Regelung ist. Abb. 24 zeigt dieselben Beziehungen für die höchste Drehzahl der gleichen Kaskaden, die durchweg zu 94 % der synchronen Drehzahl entsprechend 3 Per. Schlupf angenommen wurde. Mit der Größe des Regelbereiches nehmen hier die Wirkungsgrade nicht so stark ab wie bei der tiefsten Drehzahl; ferner liegen bei kleinen und mittleren Leistungen (160 und 400 kW) für Halblast die Wirkungsgrade günstiger als bei Vollast. Aus Abb. 25 ist der Verlauf der Wirkungsgrade bei tiefster Kaskadendrehzahl und

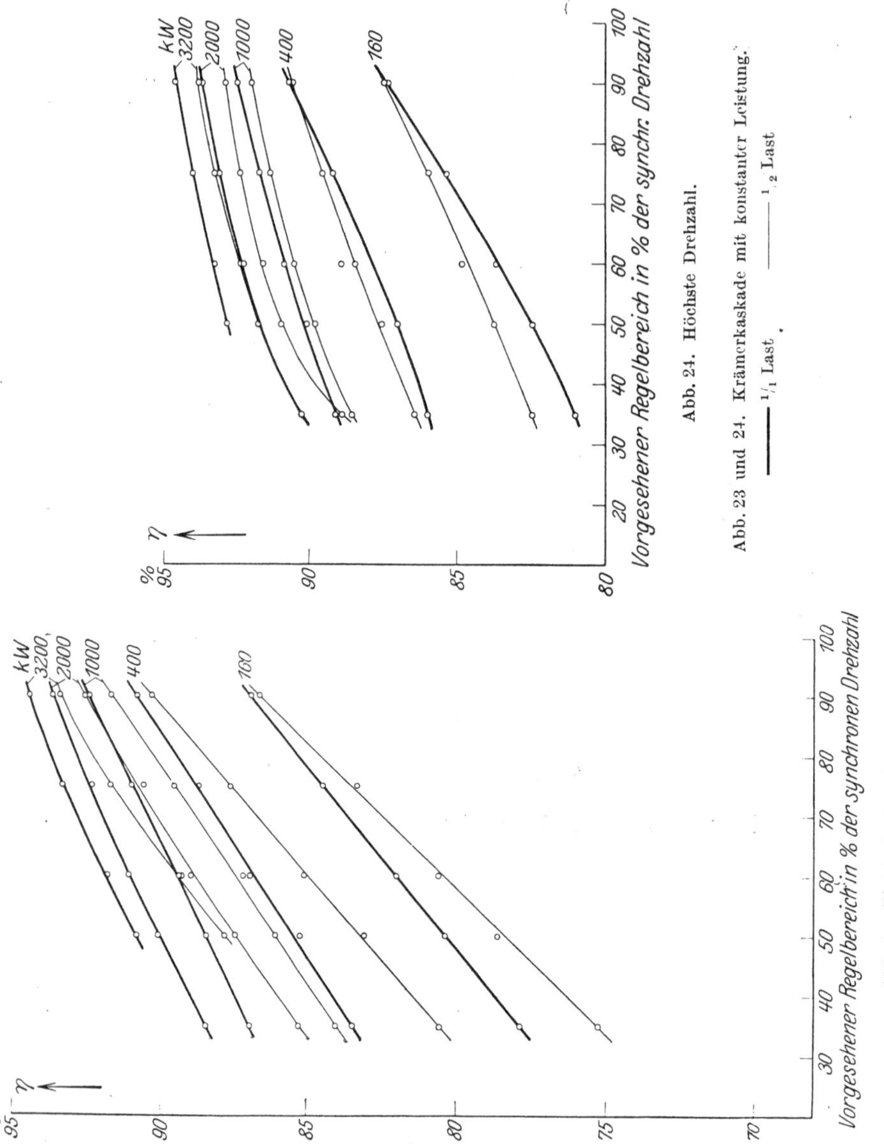


verschiedenem Regelbereich in Funktion der Leistung ersichtlich, aus Abb. 26 dasselbe bei höchster Drehzahl des Aggregates. Bei ein und derselben Drehzahl sinkt der Wirkungsgrad beträchtlich erst bei mittleren und kleinen Leistungen. Bei Halblast und tiefster Drehzahl liegt er stets unter dem bei Vollast und zwar um so mehr, je größer einerseits die Regelung, andererseits die Leistung ist. Abb. 26 liefert im

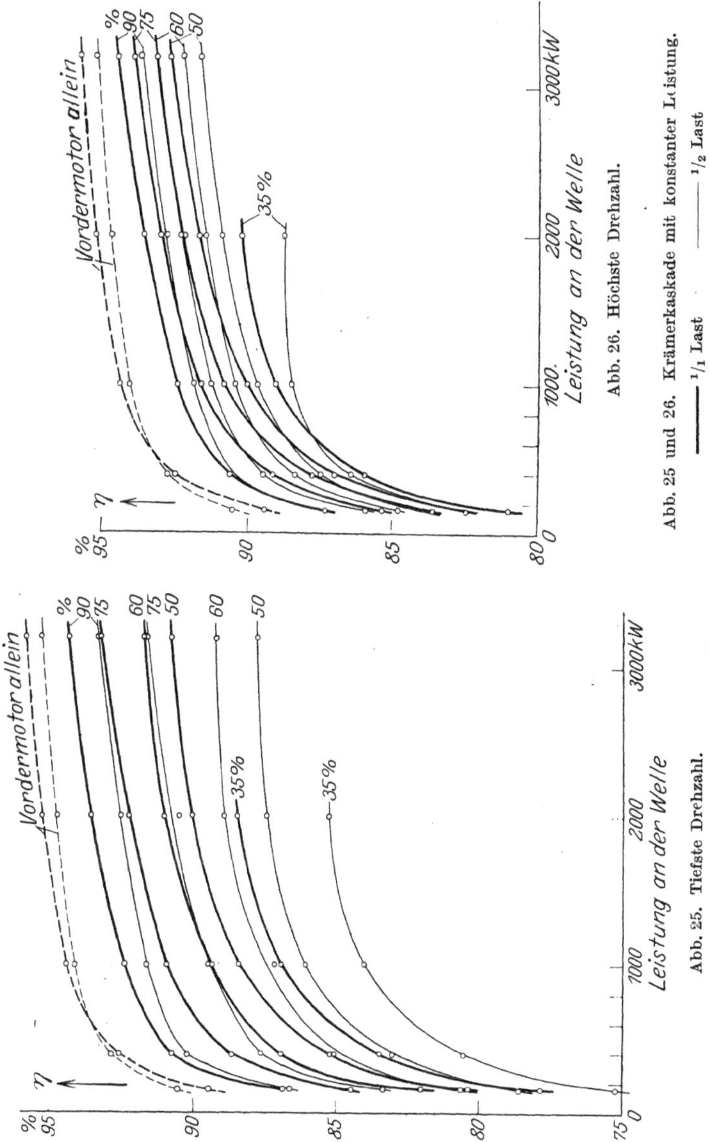


wesentlichen dasselbe Bild wie Abb. 25. Zu bemerken wäre nur, daß bei höchster Drehzahl und kleinen Leistungen die Wirkungsgrade für Halblast dieselben, ja teilweise sogar besser als die bei Vollast sind.

Die Wirkungsgrade sind bei ein und derselben Drehzahl also um so höher, je größer die Leistung ist. Inwieweit beruht diese Verbesserung nun

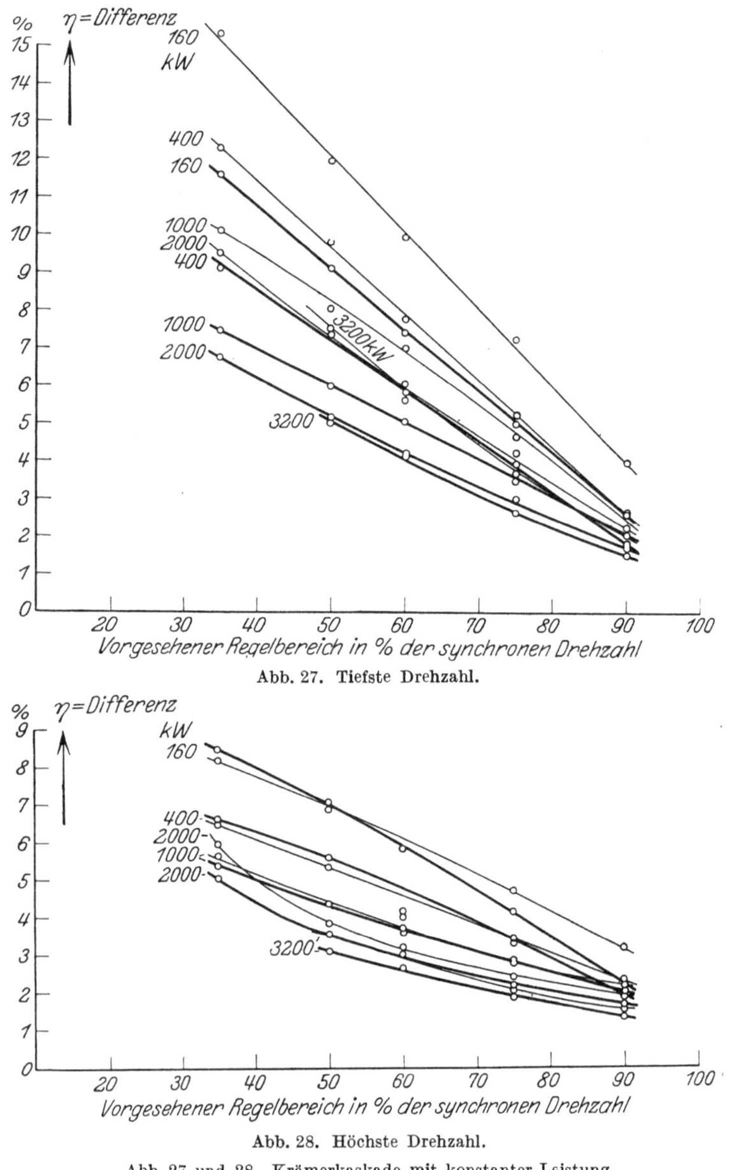



Abb. 27. Tiefste Drehzahl.



Abb. 28. Höchste Drehzahl.

Abb. 27 und 28. Krämerkaskade mit konstanter Leistung.
———— $^1/_1$ Last　　　　　———— $^1/_2$ Last

auf dem Ansteigen des Wirkungsgrades des Vordermotors selbst, die dieser ja bei derselben synchronen Tourenzahl mit zunehmender Leistung zeigt? Zu diesem Zweck wurden die Differenzen zwischen dem Wirkungsgrad des jeweiligen Drehstrommotors allein bei $^1/_1$ und $^1/_2$ Last und demjenigen der Kaskade bei tiefster sowie höchster Drehzahl und

$^1/_1$ bzw. $^1/_2$ Last bei den verschiedenen Regelbereichen und Leistungen gebildet. Dies liefert die Abb. 27—30, die diese Differenzen in Abhängigkeit von der Kaskadendrehzahl und der Leistung bei tiefster und höchster Drehzahl darstellen. Diese Differenz wächst natürlich mit dem Regelbereich, wobei sie bei der tiefsten Drehzahl und derselben Leistung für $^1/_2$ Last stets größer als für $^1/_1$ Last ist (Abb. 27), während bei der höchsten Drehzahl diese Differenz für $^1/_2$ und $^1/_1$ Last nahezu gleich, teilweise für $^1/_2$ Last sogar kleiner ist als für Volllast (Abb. 28). Bei demselben Regelbereich ist für größere und große Leistungen (1000 bis 3200 kW) die Differenz der Wirkungsgrade fast konstant, erst bei kleinen Leistungen nimmt sie wesentlich zu (Abb. 29 und 30). Für die tiefste Drehzahl gilt auch hier wieder, daß sie bei Halblast stets größer ist als bei Vollast; für die höchste Drehzahl jedoch sind die Differenzen nahezu für $^1/_2$ und $^1/_1$ Last bei jeder Leistung und einem bestimmten Regelbereich gleich (Abb. 30).

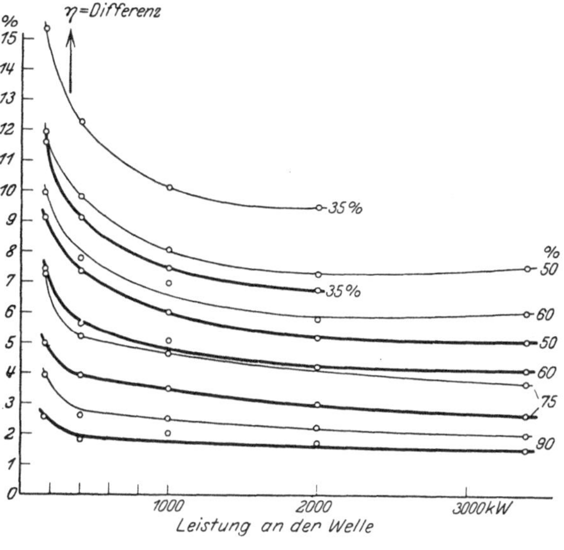

Abb. 29. Tiefste Drehzahl.

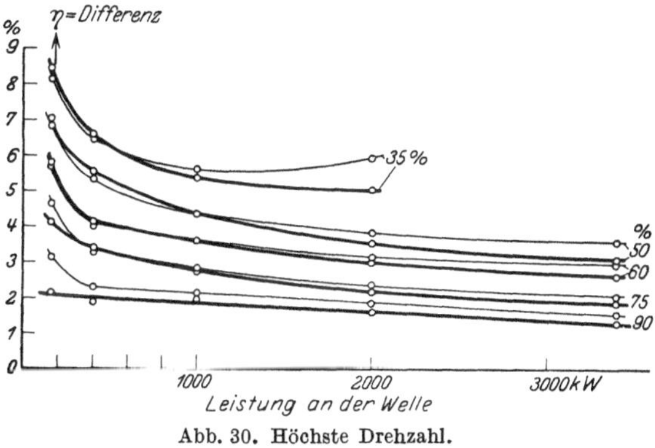

Abb. 30. Höchste Drehzahl.

Abb. 29 und 30. Krämerkaskade mit konstanter Leistung.
——— $^1/_1$ Last        ——— $^1/_2$ Last

In den Abb. 31—40 sind die errechneten Wirkungsgrade in anderer Weise graphisch verwertet worden, indem für jede der 5 zugrunde gelegten Leistungen für sich die Wirkungsgrade bei tiefster und höchster Kaska-

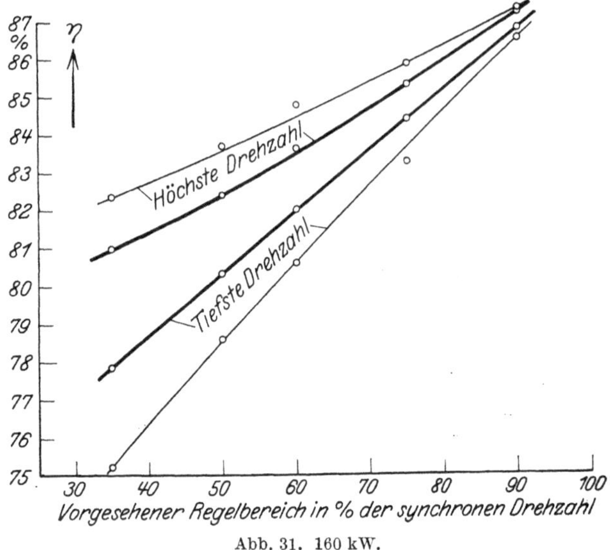


Abb. 31. 160 kW.

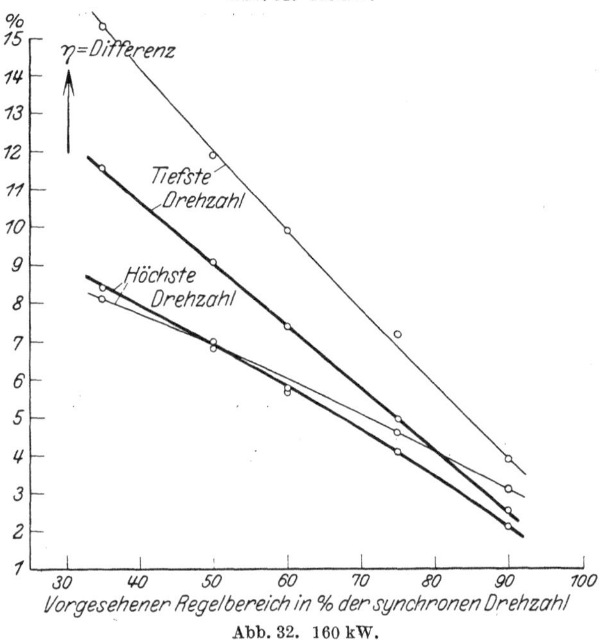


Abb. 32. 160 kW.

Abb. 31 und 32. Krämerkaskade mit konstanter Leistung.
————— $^1/_1$ Last          ————— $^1/_2$ Last

dendrehzahl sowohl bei $^1/_1$ als auch bei $^1/_2$ Last bei verschiedenen Regelbereichen zusammengestellt wurden; dasselbe geschah für die Differen-

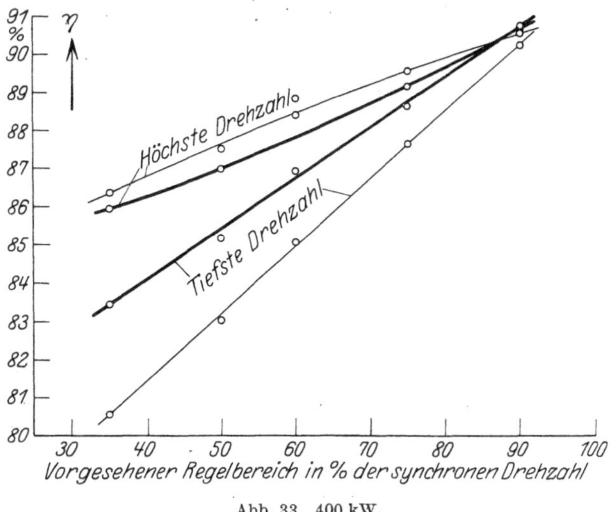



Abb. 33. 400 kW.

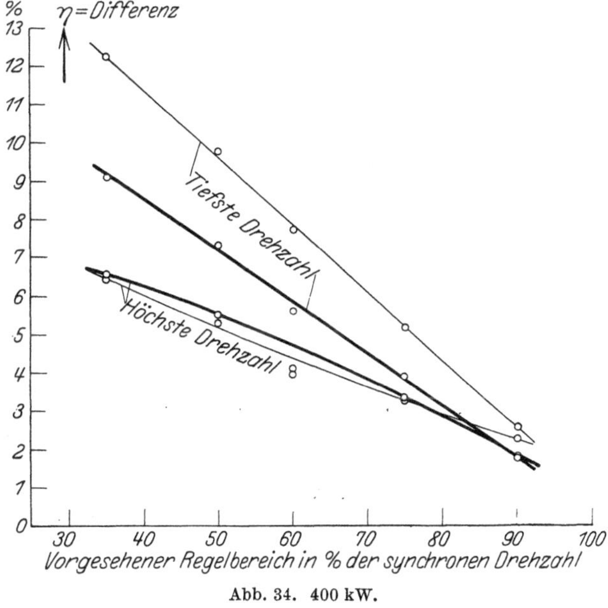



Abb. 34. 400 kW.

Abb. 33 und 34. Krämerkaskade mit konstanter Leistung.
———— $^1/_1$ Last        ———— $^1/_2$ Last

zen dieser Wirkungsgrade gegenüber dem jeweiligen Motorwirkungsgrad. Man sieht daraus deutlich, daß, während die Wirkungsgrade

für Halblast in der tiefsten Drehzahl bei allen Leistungen unterhalb
derjenigen für Vollast liegen, sie in der höchsten Drehzahl bei kleinen
und mittleren Leistungen oberhalb derjenigen für Vollast liegen und

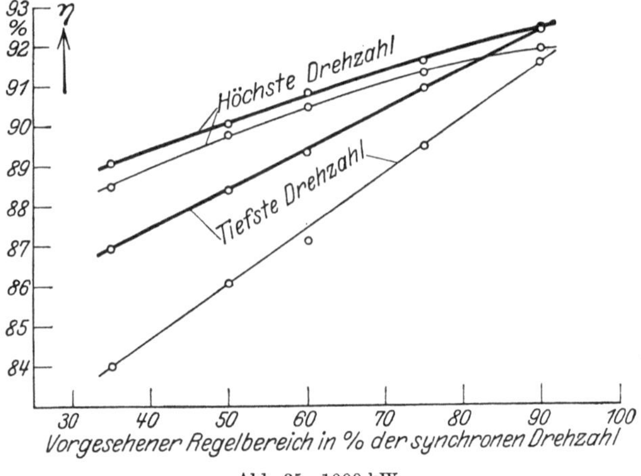


Abb. 35. 1000 kW.

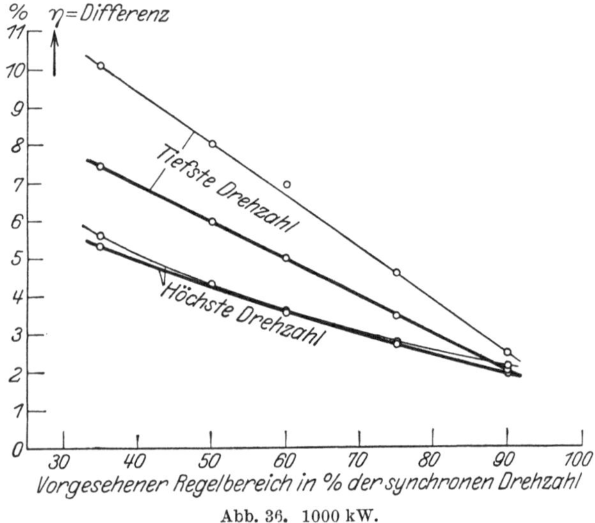


Abb. 36. 1000 kW.

Abb. 35 und 36. Krämerkaskade mit konstanter Leistung.
———— ¹/₁ Last        ———— ¹/₂ Last

zwar um so mehr, je kleiner die Leistung ist, bei großen Leistungen
jedoch unterhalb derjenigen für Vollast und zwar um so mehr, je größer
die Leistung ist. Für eine Belastung liegen bei allen Leistungen und
Regelbereichen die Wirkungsgrade für die tiefste Drehzahl stets unter
denen für die höchste, natürlich um so mehr, je größer die Regelung ist.

Schließlich ist noch ohne weiteres zu erkennen, daß die Wirkungsgradverschlechterung bei einem bestimmten Regelbereich um so geringer ist,

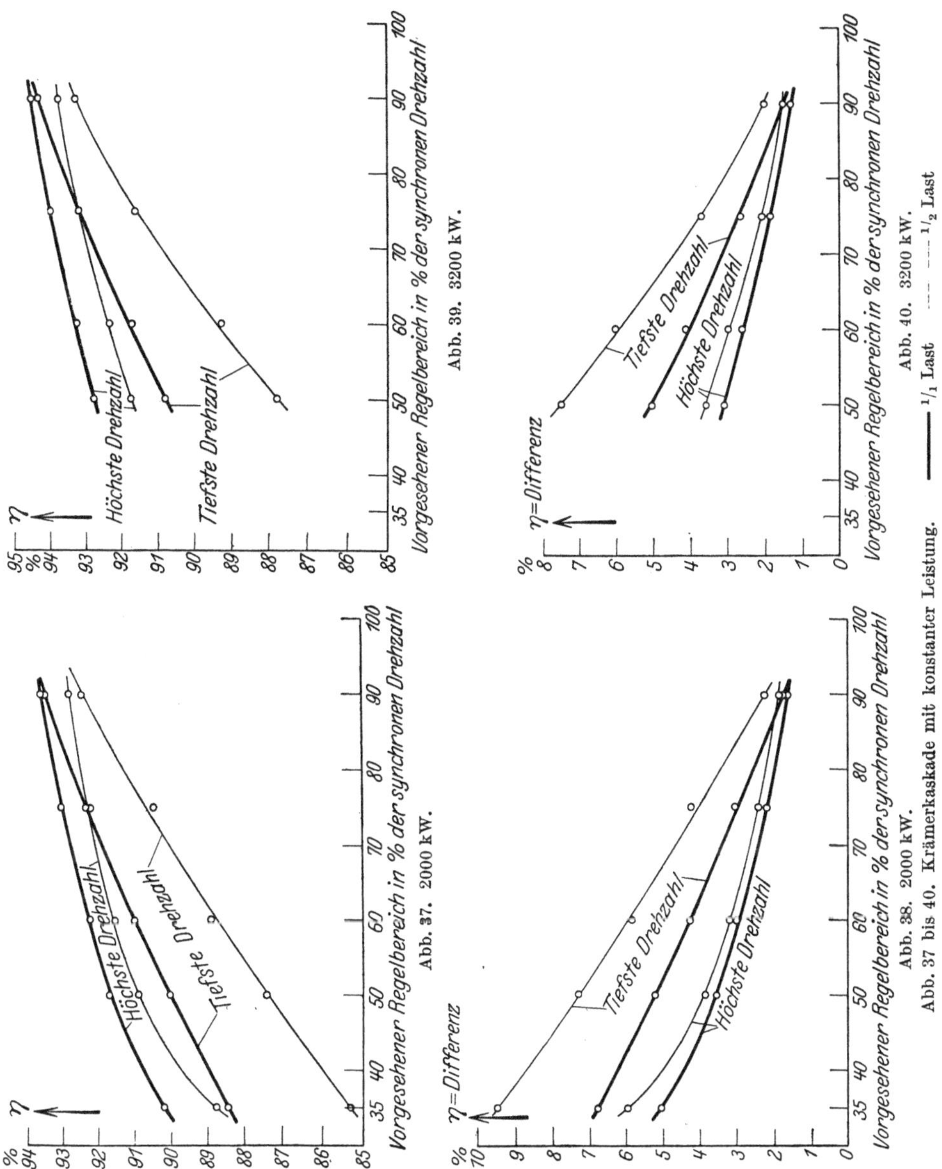



Abb. 37 bis 40. Krämerkaskade mit konstanter Leistung.

je größer die Leistung der Krämerkaskade ist. Dasselbe ist auch aus den Kurven für die Differenzen der Wirkungsgrade ersichtlich.

Abb. 41—43 zeigen das Verhalten der Voreilung $\cos \varphi_2$ im Einankerumformer der Krämerkaskade bei einer Einstellung des Leistungsfaktors der gesamten Kaskade auf 1.

Für die diesem ganzen Abschnitt zugrunde gelegten fünf 250-tourigen Drehstrommotoren verschiedener Leistungen sind in Abb. 41

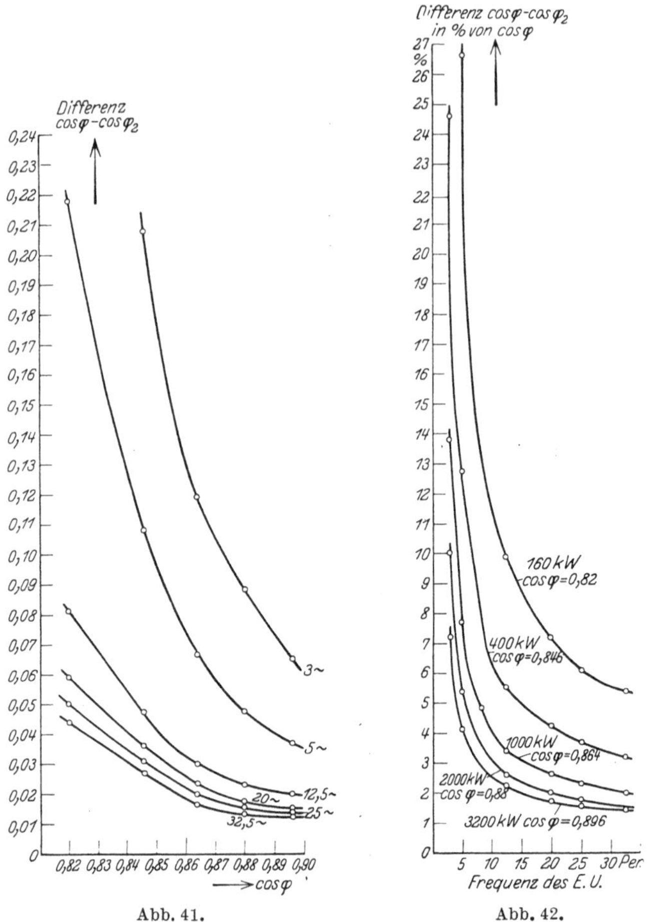


Abb. 41.      Abb. 42.

Abb. 41 bis 43. Krämerkaskade mit konstanter Leistung.

die Differenzen zwischen dem $\cos \varphi$ je eines Vordermotors bei Vollast (Nacheilung) und dem des zugehörigen Einankerumformers (Voreilung) in Funktion des Leistungsfaktors derselben 5 Vordermotoren bei Vollast für verschiedene Regelbereiche, d. h. für verschiedene Frequenzen des Umformers aufgetragen, wie sie sich bei der Berechnung dieser Krämerkaskaden aus den Regeldiagrammen ergaben. Außer dem selbstverständlichen Anwachsen dieser Differenz, d. h. also des vom Umformer zu liefernden voreilenden Blindstromes, mit sich verschlechterndem cos $\varphi$ des jeweiligen Drehstrommotors, ersehen wir daraus die ganz bedeutende Zunahme dieser Größe mit kleiner werdender Periodenzahl, was durch den relativ großen Spannungsabfall im Rotor des Vordermotors bei kleinem Schlupf bedingt ist. Abb. 42, wo als Ordinate dieselbe Differenz, jedoch in Prozenten des jeweiligen cos $\varphi$ des Vordermotors, als Abszisse die Frequenz des Einankerumformers aufgetragen ist, zeigt für die 5 verschiedenen Leistungsfaktoren der betrachteten Drehstrommotoren (bei Vollast) im wesentlichen dasselbe Bild. Aus Abb. 41 wurde Abb. 43 gewonnen, indem in Funktion der Schlupffrequenz die Differenzen bei ganzzahligen Werten des cos $\varphi$ des Vordermotors (0,82, 0,83 usw. bis 0,90) aufgetragen wurden. Dieses Bild zeigt ganz deutlich die allmähliche Vergrößerung der Differenz mit kleiner werdendem Leistungsfaktor im Drehstrommotor und ihr ganz bedeutendes Anwachsen bei kleinen Frequenzen im Umformer.

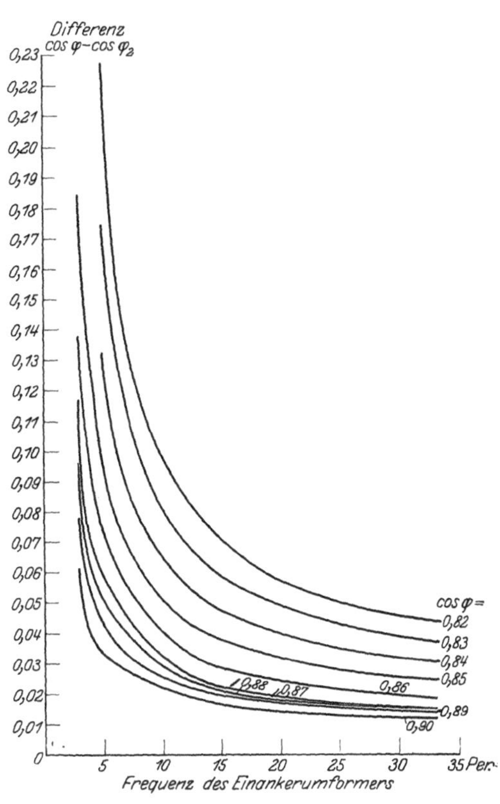


Abb. 43. Krämerkaskade mit konstanter Leistung.

Diese Kurven können dazu dienen, für Krämerkaskaden mit konstanter Leistung und ähnlich niedrigen synchronen Drehzahlen (etwa 188 bis 300 U. p. M.), für die bezüglich der Größe dieser Differenzen der Leistungsfaktoren zwischen Vordermotor und Umformer dieselben Verhältnisse im wesentlichen vorliegen, die im Umformer nötige Voreilung zur Verbesserung des cos $\varphi$ der Kaskade auf 1 ohne Aufzeichnung des Regeldiagrammes bei der jeweilig kleinsten Schlupffrequenz im voraus zu bestimmen.

**b) Krämerkaskade mit konstantem Drehmoment und Scherbiuskaskade.** Bisher behandelten alle graphischen Darstellungen die Krämerkaskade mit konstanter Leistung. Oft dient sie auch für Antriebe mit abfallender Belastung bei sinkenden Touren. In Abb. 44—47 ist daher die Krämerkaskade für den Spezialfall einer mit der Drehzahl proportional abnehmenden Leistung, also mit konstantem Drehmoment dargestellt, und zum Vergleich ist gleichzeitig die Scherbiuskaskade, die ebenfalls nach früher konstantes Drehmoment liefert, mitbehandelt. Der Berechnung wurde die Annahme zugrunde gelegt, daß die Kaskade ihre Maximalleistung, die Nennleistung des jeweiligen Drehstrommotors, bei ihrer höchsten Drehzahl von 235 U. p. M. gleich 94% der synchronen hergibt, von welcher Tourenzahl dann ihre Leistung proportional mit $n$ abnimmt. Abb. 44 zeigt die Wirkungsgrade beider Kaskaden mit konstantem Drehmoment in Abhängigkeit von der tiefsten Drehzahl, für die die Kaskade vorgesehen ist, in Prozenten der synchronen. Ihre Verschlechterung nimmt mit wachsendem Regelbereich stark zu, wobei besonders zu beachten ist, daß die Wirkungsgrade der Scherbius-

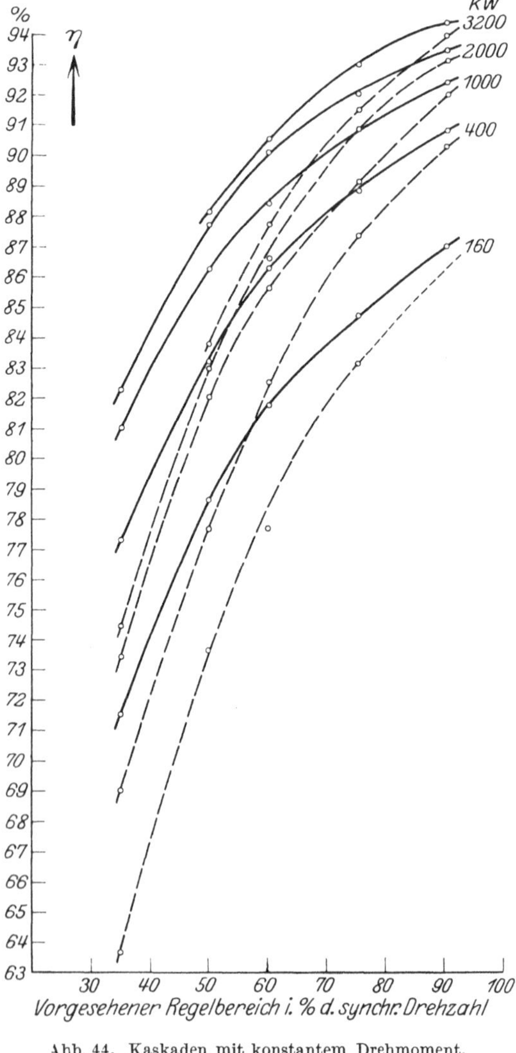


Abb. 44. Kaskaden mit konstantem Drehmoment. Tiefste Drehzahl.

———— Krämerkaskade    – – – – Scherbiuskaskade

kaskade stets schlechter sind als die der Krämerkaskade bei ein und derselben tiefsten Drehzahl und zwar um so mehr, je größer die Regelung ist. Wie bedeutend dieser Unterschied werden kann, zeigt Abb. 45 deutlich. So ist z. B. bei 50% Regelung der Wirkungsgrad der Krämerkaskade mit konstantem Drehmoment noch immer etwas besser als der der Scherbiuskaskade bei nur 60% Regelung, und ferner der Wir-

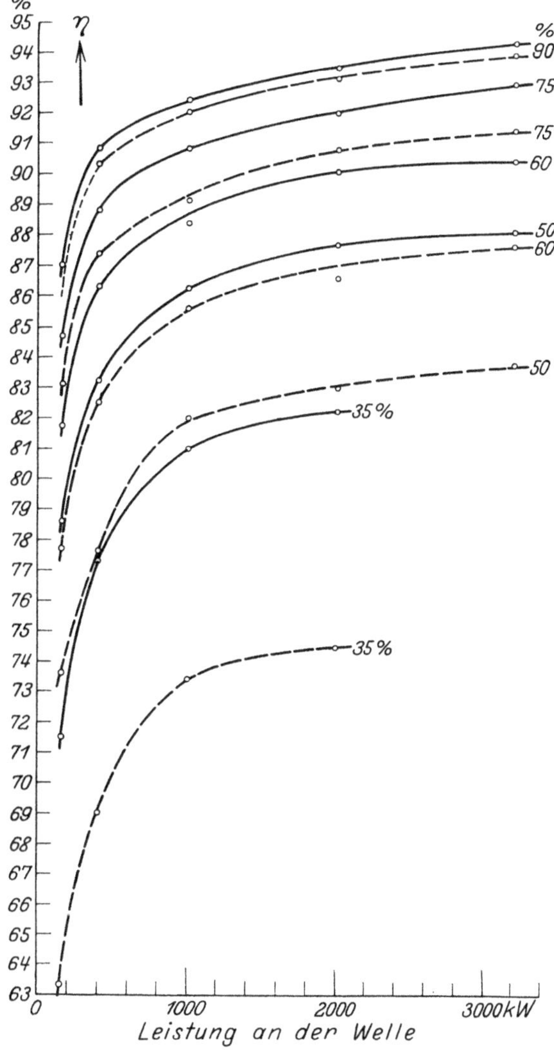



Abb. 45. Kaskaden mit konstantem Drehmoment. Tiefste Drehzahl.
———— Krämerkaskade  — — — — Scherbiuskaskade

kungsgrad der ersteren bei 35% Regelung nur wenig schlechter als der der letzteren bei nur 50% Regelung. Im übrigen zeigt sie, daß bei mittleren und besonders bei kleinen Leistungen die Wirkungsgrade dieser Kaskaden bei der tiefsten Drehzahl sehr schlecht werden. Die Abb. 46

5*

und 47 enthalten die Differenzen zwischen diesen Wirkungsgraden bei niederster Tourenzahl und denen der Drehstrommotoren in Funktion der Drehzahl wie auch der Leistung. Sie weisen wieder das starke An-

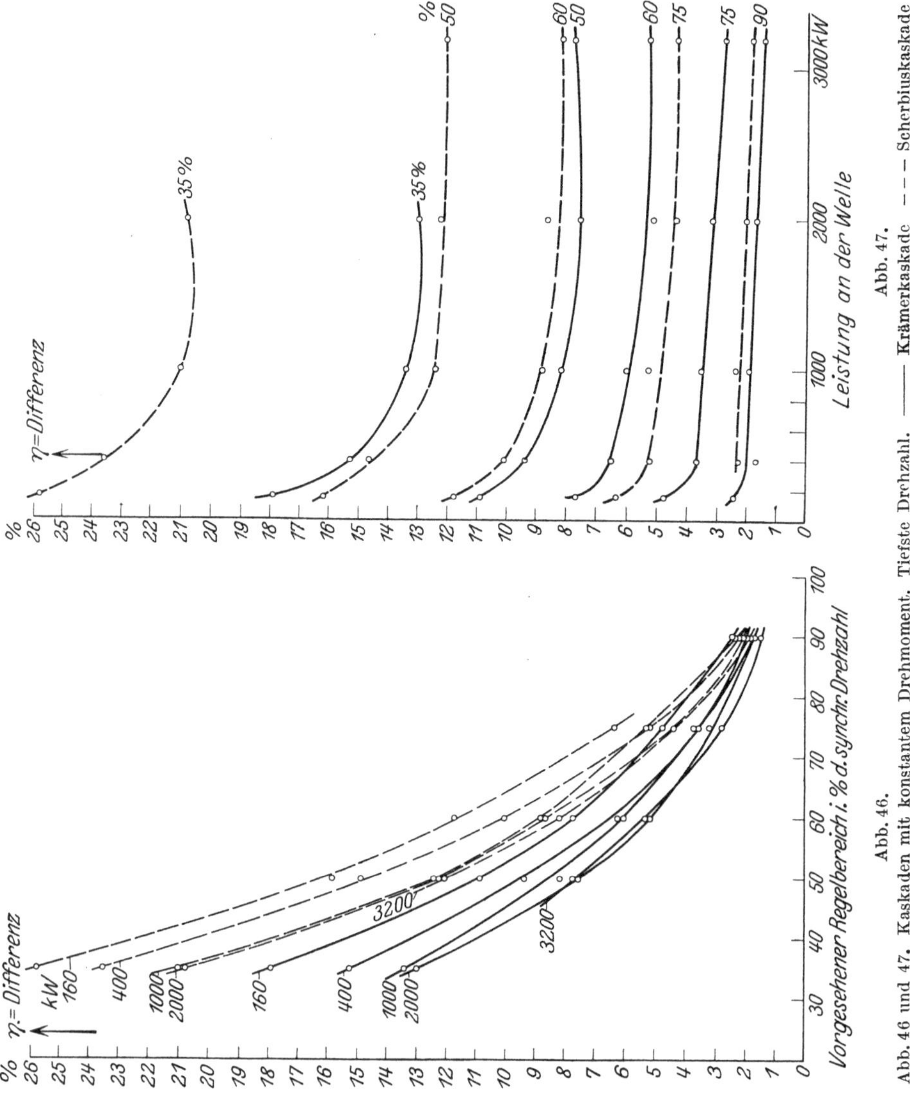



Abb. 46 und 47. Kaskaden mit konstantem Drehmoment. Tiefste Drehzahl. —— Krämerkaskade. – – – Scherbiuskaskade.

wachsen der Differenz mit zunehmendem Regelbereich und bei kleinen Leistungen auf, wobei das wesentlich ungünstigere Verhalten der Scherbiuskaskade auch hier augenfällig hervortritt. So ist diese Differenz bei etwa 65⁰/₀ Regelung für 160 kW der Krämerkaskade mit konstantem Drehmoment (kleinste angenommene Leistung) gleich der für 3200 kW der Scherbiuskaskade (größte Leistung)!

## 3. Einankerumformer mit Gleichstrommotor.

**a) Mit konstanter Leistung.** Die Abb. 48—53 zeigen die Ergebnisse des zum Vergleich herangezogenen Antriebes durch einen Gleichstrommotor, welcher von einem über einen Transformator am Drehstromnetz direkt liegenden Einankerumformer gespeist wird, und zwar einerseits für Abgabe konstanter Leistung, andererseits für konstantes Drehmoment. Entsprechend den bei den Kaskaden gewählten Regelbereichen von 90, 75, 60, 50 und 35% der synchronen Drehzahl von 250 U. p. M. bei einer höchsten Drehzahl von 94% wurden auch hier als tiefste Drehzahlen 225, 187,5, 150, 125 und 87,5 U. p. M., als höchste Drehzahl 235 U. p. M. festgelegt.

Abb. 48 gibt die Wirkungsgrade dieser Anordnung für konstante Leistung in Abhängigkeit von der kleinsten Tourenzahl bei tiefster, Abb. 49 diejenigen bei höchster Drehzahl an. Wir ersehen daraus, daß hier ein ganz anderes Verhalten vorliegt als bei den Drehstrom-Gleichstromkaskaden, indem hier der Wirkungsgrad sich mit der Größe des Regelbereiches nicht wesentlich ändert, und zwar praktisch gar nicht bei großen Leistungen und einer Herabregelung bis auf etwa 64% der höchsten Drehzahl. Dies erklärt

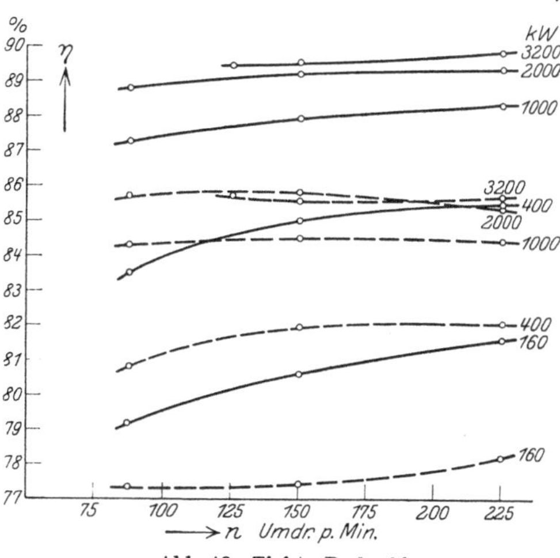

Abb. 48. Tiefste Drehzahl.

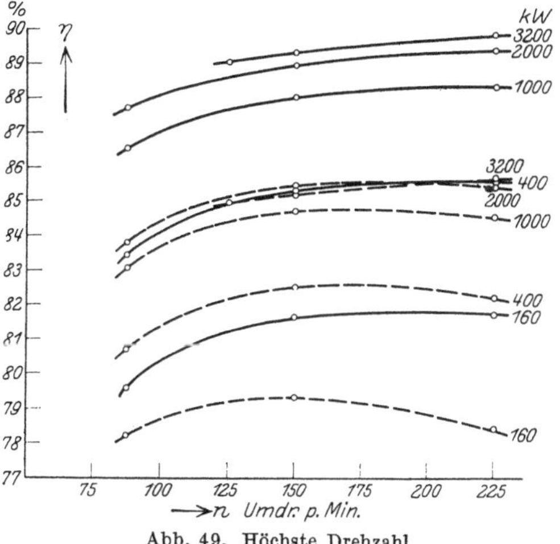

Abb. 49. Höchste Drehzahl.

Abb. 48 und 49. Einankerumformer und Gleichstrommotor mit konstanter Leistung.

——— $^1/_1$ Last      - - - - $^1/_2$ Last

sich daraus, daß der stets mit 50 Per. gespeiste Einankerumformer bei einer gewissen konstanten Leistung stets gleiche Verluste hat, unabhängig von der Drehzahl des Gleichstrommotors, dessen Verluste ebenfalls hauptsächlich nur von seiner Leistung, jedoch kaum von seiner Drehzahl abhängig sind. Aus demselben Grund ergibt sich, wie es auch aus den Kurven ersichtlich ist, daß die Wirkungsgrade bei höchster und tiefster Drehzahl jeweils ziemlich gleich sind bei einer Leistung und einem Regelbereich. Abb. 50 und 51, die dieselben Wirkungsgrade in Funktion der Leistung darstellen, beweisen vielleicht noch deutlicher, daß der Wirkungsgrad eines solchen Antriebes weniger von der Größe des Regelbereiches als von der Größe der Leistung abhängt. Bei Halblast tritt eine wesentliche Verschlechterung des Wirkungsgrades gegenüber Vollast ein.

**b) Mit konstantem Drehmoment.** Die Abb. 52 und 53 behandeln dasselbe für konstantes Drehmoment, wobei die Maximalleistung bei 235 U. p. M. liegt. Sie zeigen, daß bei tiefster Drehzahl —bei höchster gelten die Kurven für konstante Leistung und höchste Drehzahl — sich im großen und ganzen ein ähnliches Bild ergibt, jedoch verschlechtert sich hier der Wirkungsgrad bedeutend mehr mit zunehmendem Regelbereich als bei konstanter Leistung.

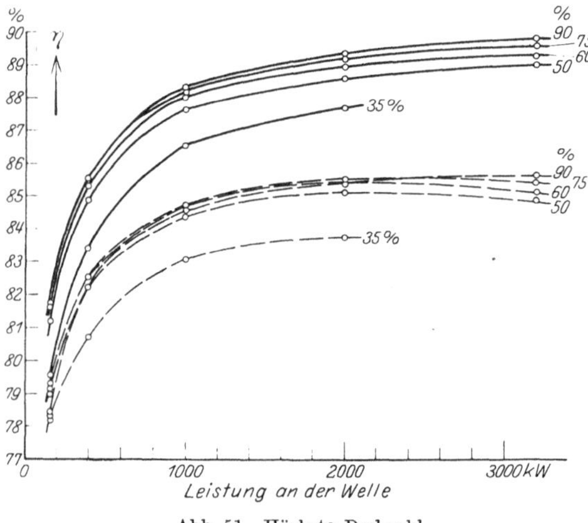

Abb. 50. Tiefste Drehzahl.

Abb. 51. Höchste Drehzahl.

Abb. 50 und 51. Einankerumformer und Gleichstrommotor mit konstanter Leistung.
———— ¹/₁ Last       – – – – ¹/₂ Last

# 4. Vergleichende Zusammenfassung.

Alle diese Kurven werden nun in den Abb. 54—68 verwendet, um grundsätzliche Betrachtungen über den günstigsten regelbaren Antrieb durch Drehstrom bei verschiedenen Leistungen und Regelbereichen

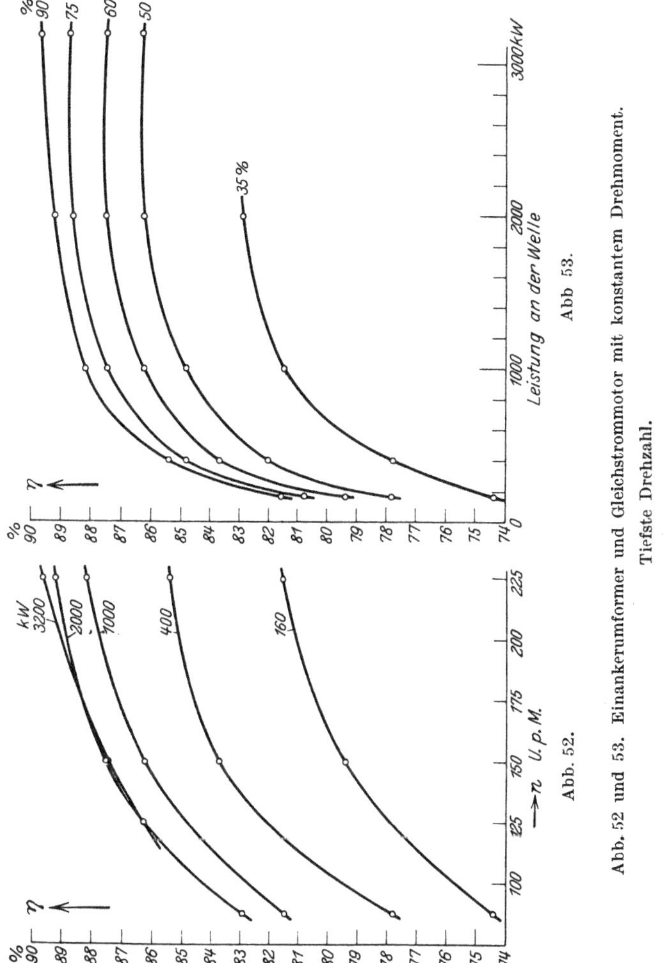


Abb. 52 und 53. Einankerumformer und Gleichstrommotor mit konstantem Drehmoment. Tiefste Drehzahl.

anzustellen. Abb. 54—58 zeigen den Verlauf der Wirkungsgrade bei tiefster Drehzahl für die Krämerkaskade mit konstanter Leistung und konstantem Drehmoment, für die Scherbiuskaskade, die Widerstandsregelung und den Einankerumformer mit Gleichstrommotor bei konstanter Leistung und konstantem Drehmoment in Funktion des Regelbereiches; Abb. 59—63 dasselbe in Funktion der Leistung. Abb. 64—68 geben den Verlauf der Wirkungsgrade der Kaskaden mit konstanter Leistung bei Halblast und höchster Drehzahl wieder.

**a) Antriebe mit konstanter Leistung.** Vergleich zwischen Krämerkaskade und Einankerumformer mit Gleichstrommotor. Bei kleinen

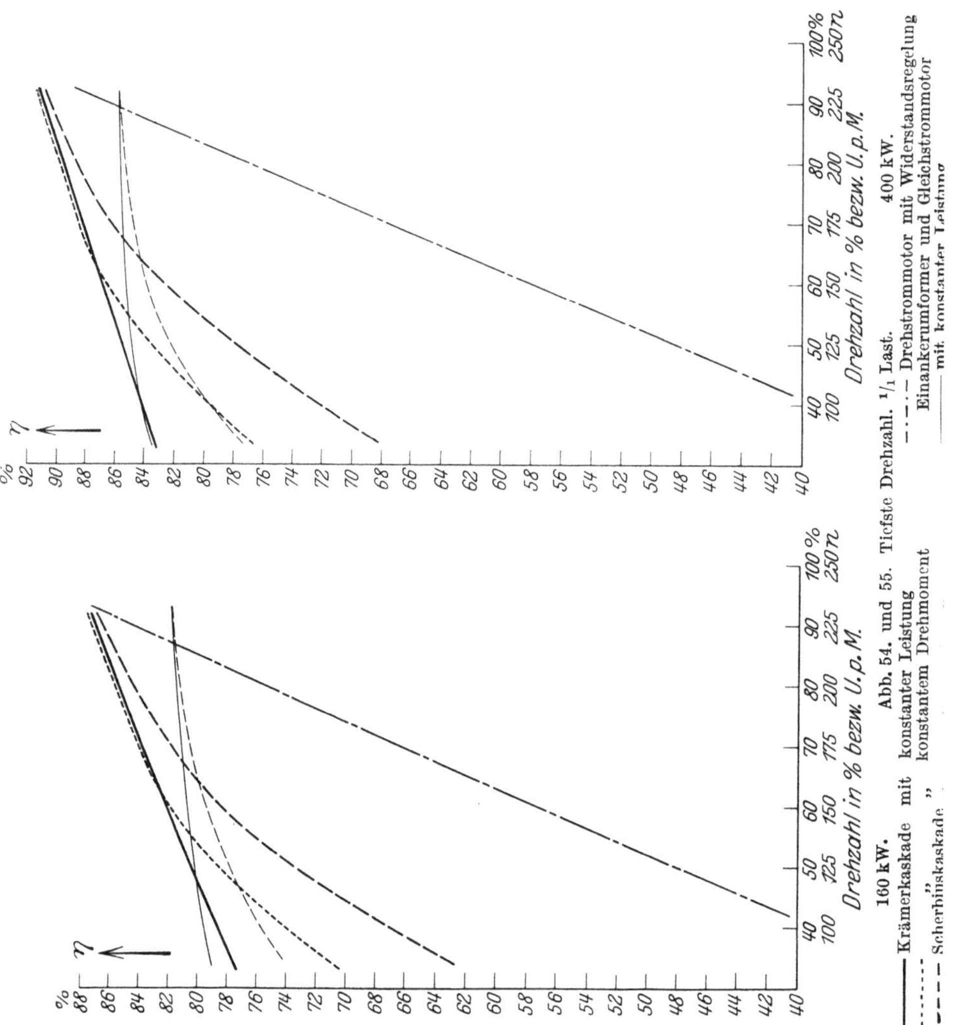


Abb. 54. und 55. Tiefste Drehzahl.

Leistungen (160 kW) hat erstere bei Vollast und niederster Drehzahl bis zu 48⁰/₀ Regelung herab einen besseren Wirkungsgrad als letzterer, bei allen größeren Leistungen herab bis auf 38⁰/₀ Regelung. Der Vorteil der Krämerkaskade wird um so geringer, je größer die Regelung ist. Dabei ist die Größe dieses Unterschiedes in den Wirkungsgraden fast

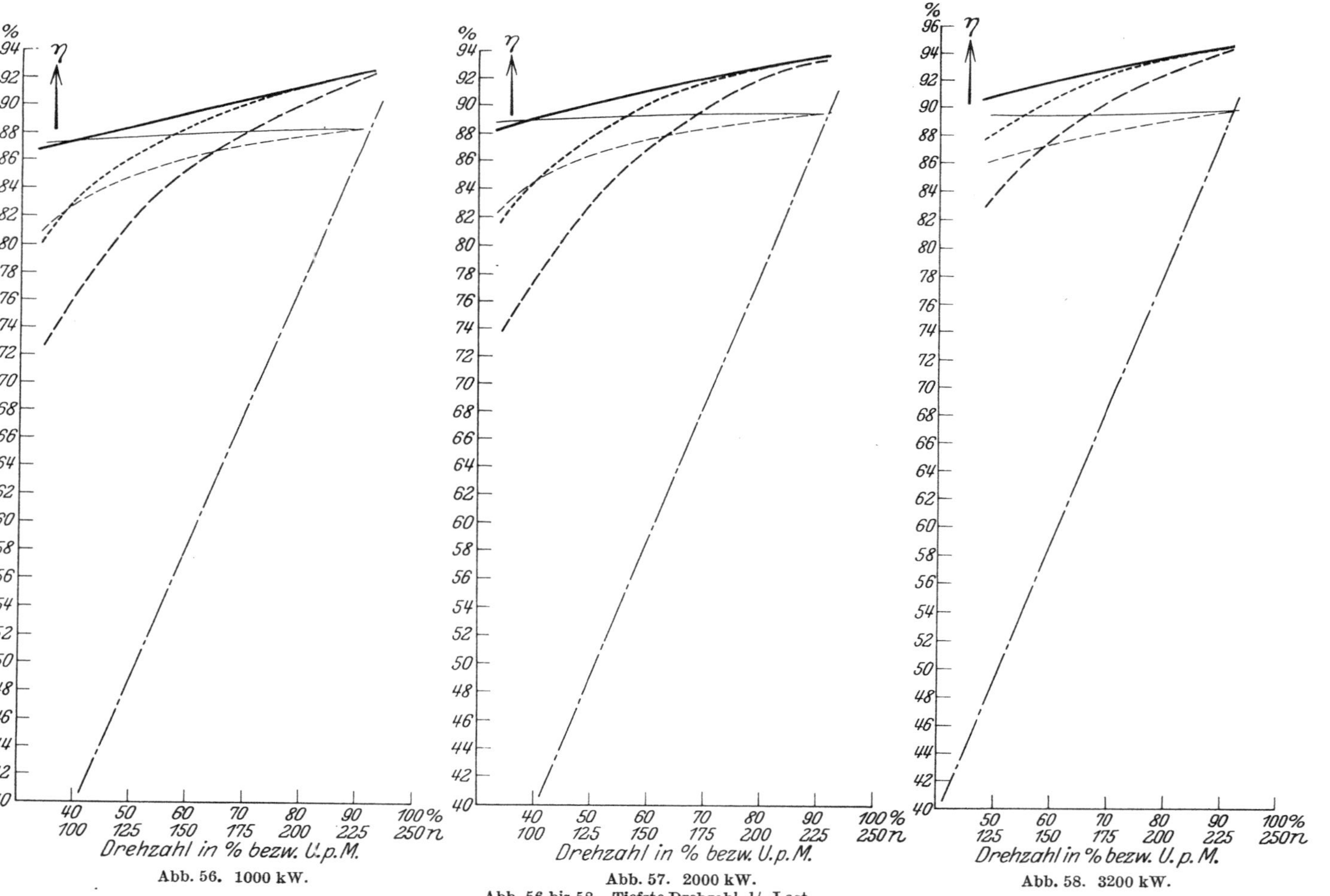


Abb. 56. 1000 kW.

Abb. 57. 2000 kW.

Abb. 58. 3200 kW.

Abb. 56 bis 58. Tiefste Drehzahl, $^1/_1$ Last.

unabhängig von der Leistung. Auch bei Halblast und tiefster Drehzahl (Abb. 64—68) stellt sich die Krämerkaskade bis zu 45 bzw. 38% Regelung günstiger als der Einankerumformer mit Gleichstrommotor. Bei

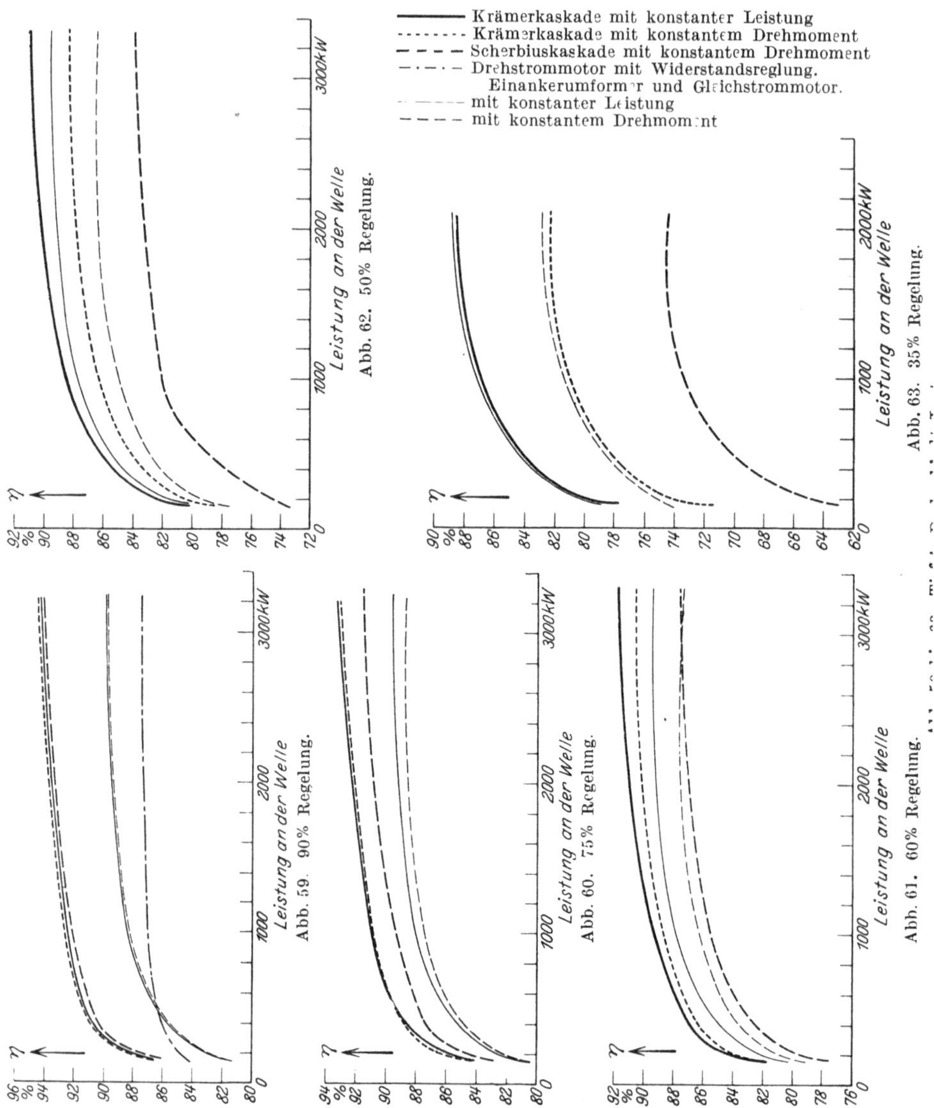



höchster Drehzahl (Abb. 64—68) ist die Kaskade immer besser als der Umformer, ganz besonders bei Halblast. Wir erhalten somit das wichtige Ergebnis, daß bei Leistungen von ca. 400 kW aufwärts in Hinsicht auf den Wirkungsgrad die Krämerkaskade mit konstanter Leistung sich bis zu einer Regelung auf 40°/₀ der synchronen Drehzahl herab günstiger stellt als der Antrieb mit Einankerumformer und Gleichstrommotor, bei Leistungen von 160—400 kW desgleichen bis zu einer Regelung von 50%.

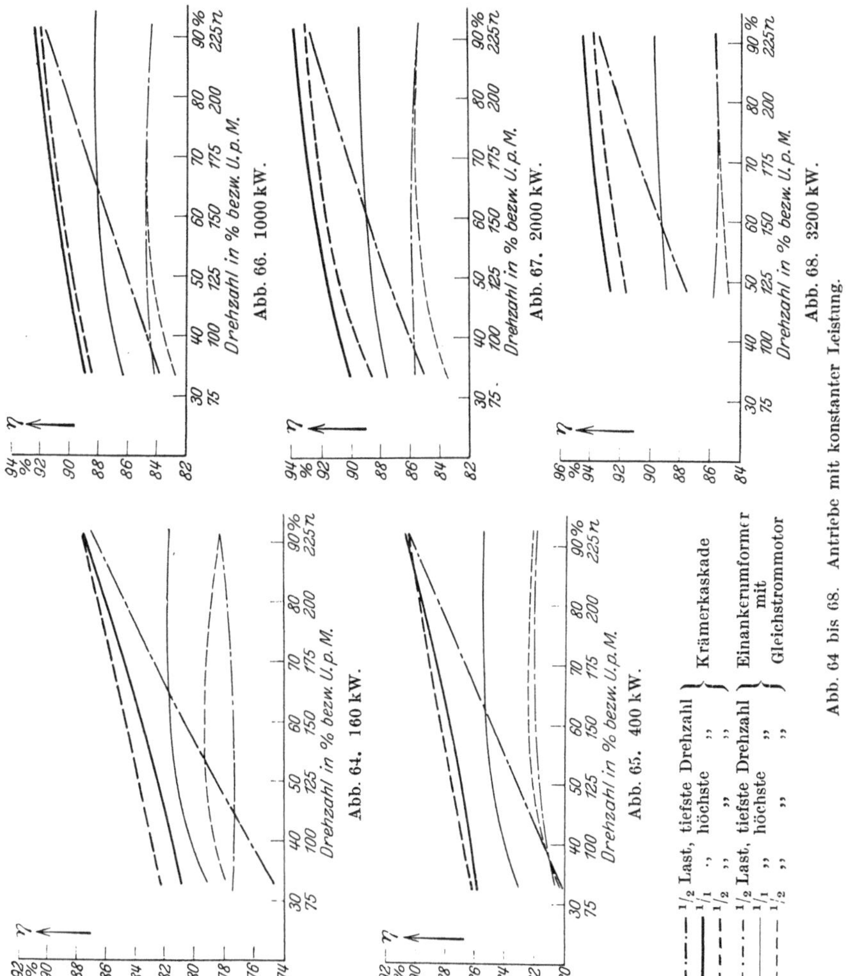

Abb. 64 bis 68. Antriebe mit konstanter Leistung.

**b) Antriebe mit konstantem Drehmoment.** Vergleich zwischen Krämer- und Scherbiuskaskade, Widerstandsregelung und Einankerumformer mit Gleichstrommotor. Für jede Leistung und jeden Regelbereich stellt sich die Scherbiuskaskade bedeutend schlechter als die Krämerkaskade mit konstantem Drehmoment, um so mehr, je größer die Regelung wird, während von der Leistung dieser Unterschied fast unabhängig ist. Die Wirkungsgrade bei Widerstandsregelung liegen noch weit unter denen der Scherbiuskaskade, doch nähern sie sich den letzteren schnell bei kleinen Regelungen. Bei 90% Regelung sind sie aber noch immer wesentlich unterhalb der Scherbiuskaskade. Bei 160 kW tritt erst bei 93% Regelung, bei den größeren Leistungen sogar erst oberhalb 95% Gleichheit zwischen den Wirkungsgraden der Scherbiuskaskade und Widerstandsregelung ein. Der Einankerumformer mit Gleichstrommotor stellt sich bei kleinen Leistungen (160 kW) bis ca. 87% Regelung schlechter als Widerstandsregelung, bei mittleren Leistungen (400 kW) bis ca. 90% und bei großen (1000 kW und mehr) bis ca. 92% Regelung. Gegenüber der Scherbiuskaskade sind seine Wirkungsgrade bei kleinen Regelbereichen wesentlich geringer, erst bei Regelungen unter ca. 64% hinaus übertrifft er die Scherbiuskaskade, bei der großen Leistung von 3200 kW sogar erst bei einer Regelung unter 60%. Demgemäß bleibt er auch bei kleinen Regelungen weit hinter der Krämerkaskade mit konstantem Drehmoment zurück und erst bei einer Regelung auf 45% bei niedrigen Leistungen (160 kW), auf sogar ca. 40% bei mittleren und großen Leistungen überwiegt der Nutzeffekt dieser gegenüber. Wir kommen also für Antriebe mit konstantem Drehmoment zu dem Resultat, daß bis zu einem Regelbereich von 40% bei Leistungen von 400 kW aufwärts, bis 45% bei Leistungen von 160—400 kW die Krämerkaskade alle anderen Antriebe bezüglich des Wirkungsgrades übertrifft. Bei noch größeren Regelungen kommt der Einankerumformer mit Gleichstrommotor in Betracht. Sollte aus Platzmangel oder anderen Gründen die Krämerkaskade nicht zu verwenden sein, so ist der nächst günstigste Antrieb die Scherbiuskaskade bis etwa 60% Regelung, bei noch größeren Bereichen ist dann wieder der Einankerumformer mit Gleichstrommotor vorteilhafter. Widerstandsregelung auf längere Zeit ist nur für ganz geringe Regelungen bis ca. 95% herab wirtschaftlich.

**c) Antriebe für Ventilatoren und Pumpen.** Vergleich zwischen Krämer- und Scherbiuskaskade, Widerstandsregelung und Einankerumformer mit Gleichstrommotor. Abb. 69—73 zeigen die Wirkungsgrade dieser Antriebe für Ventilatoren und Pumpen bei der tiefsten Drehzahl, für die sie ausgelegt sind, in Abhängigkeit vom Regelbereich in Prozenten der synchronen Drehzahl. Der Berechnung wurde die Voraussetzung zu Grunde gelegt, daß die Kaskade ihre Höchstleistung, die Nennleistung des jeweiligen Drehstrommotors, bei ihrer maximalen Drehzahl von 235 U. p. M. gleich 94% der synchronen hergibt, und daß von da ab die Leistung mit der 3. Potenz der Drehzahl, das Drehmoment also mit der 2. Potenz der Drehzahl abnimmt. Wir erhalten dann ein ganz ähnliches Verhalten der oben genannten vier Antriebsarten wie bei Abgabe eines konstanten Drehmoments, nur verschlechtern sich infolge der hier sehr stark abnehmenden Leistung die Wirkungsgrade bei tiefster Drehzahl mit wachsendem Regelbereich außerordentlich schneller. Betrachten wir zugleich Abb. 74—78, wo dieselben Wirkungsgrade in Funktion der Leistung aufgetragen sind, so können wir aus

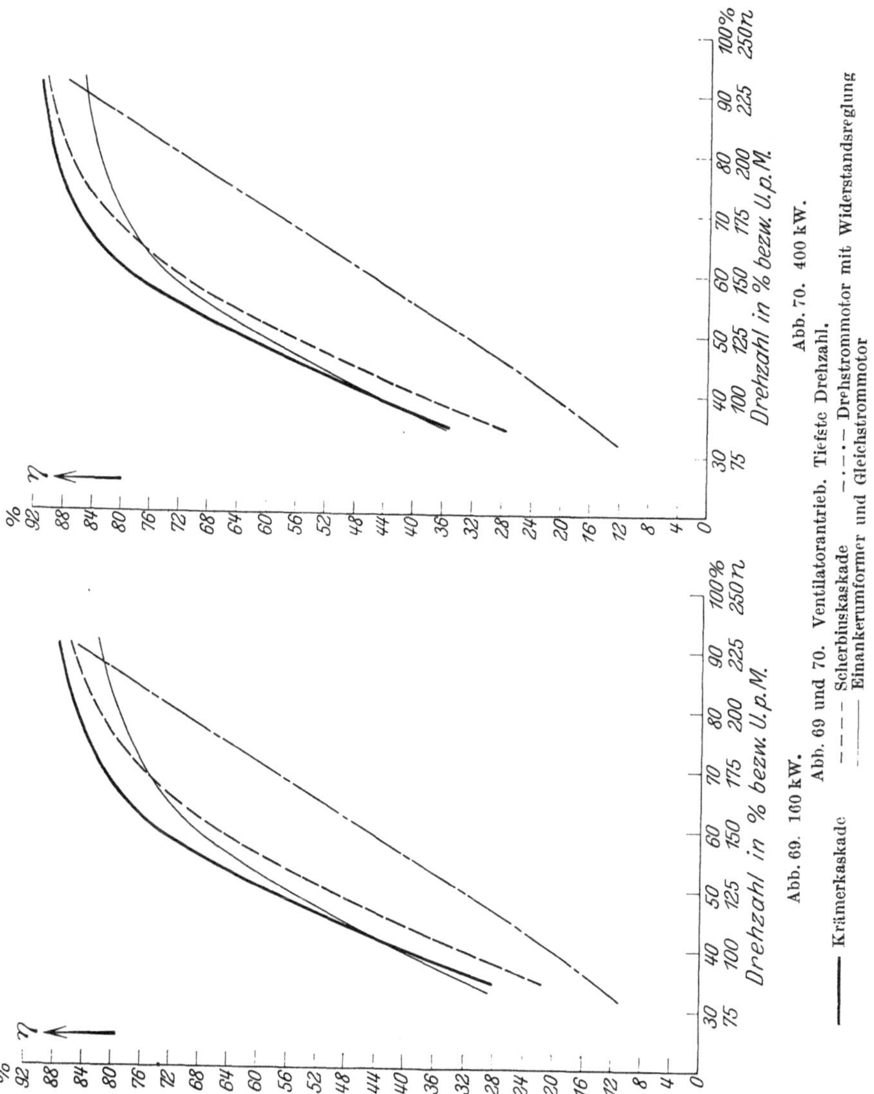


diesen Kurven folgende Schlüsse ziehen. Bis zu einer Regelung auf ca. 40% stellt sich die Krämerkaskade bei allen Leistungen wieder als der günstigste Antrieb dar. Schlechter als diese ist für jede Leistung und jeden Regelbereich die Scherbiuskaskade und zwar um so mehr,

je größer die Regelung ist, während dieser Unterschied bei ein und
derselben Drehzahl von der Leistung fast unabhängig ist. Die Wirkungsgrade bei Widerstandsregelung liegen durchweg unterhalb

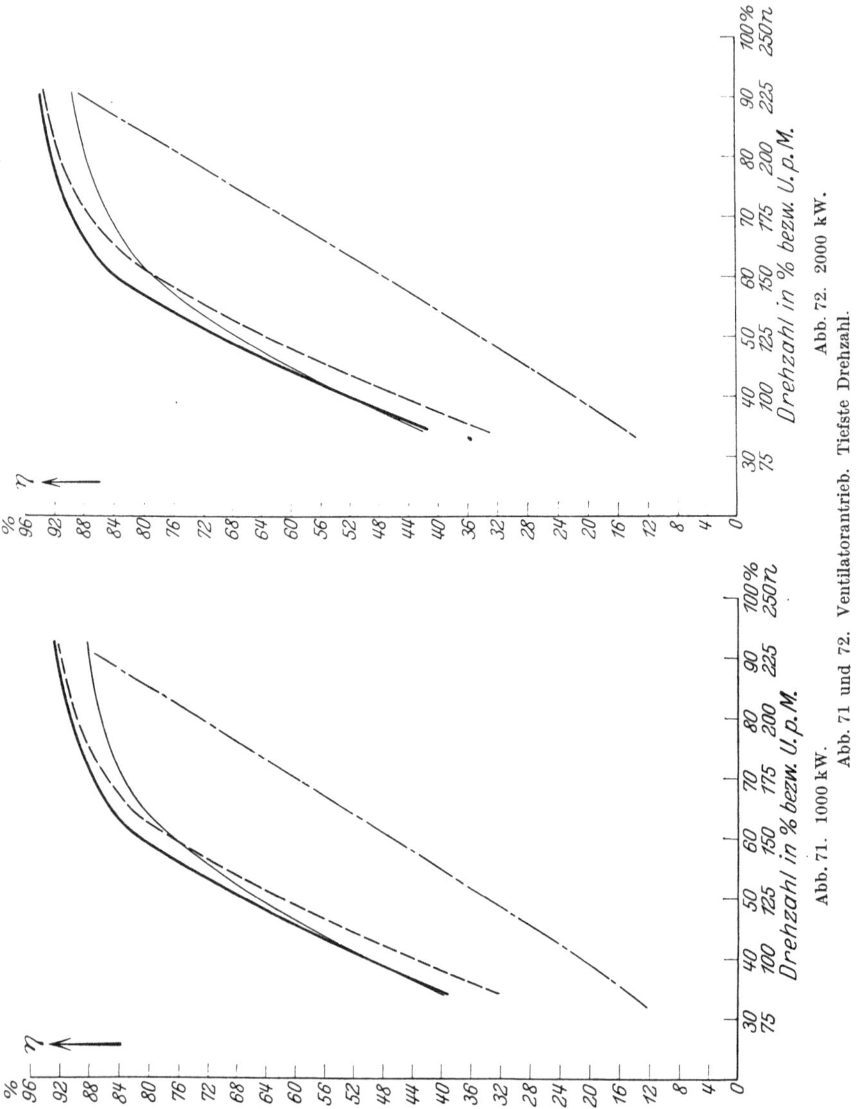


derer der Scherbiuskaskade, doch nähern sie sich den letzteren
wesentlich einerseits bei Regelungen auf weniger als 90% und zwar
um so mehr je kleiner die Leistung ist, andererseits bei sehr großen
Regelungen, so daß wir bei einer Regelung auf 20—30% herab

mit der Krämer- und Scherbiuskaskade nur dieselben Wirkungsgrade wie mit der Widerstandsregelung erzielen. Es ist noch bemerkenswert, daß bei letzterer die Gesamtverluste infolge der stark abfallenden Leistung von einer Regelung auf etwa 50% an abwärts sogar abnehmen. Der Einankerumformer mit Gleichstrommotor stellt sich erst bei einer Regelung auf weniger als 40% günstiger als die Krämerkaskade bei allen Leistungen. Die Scherbiuskaskade übertrifft er bei kleinen Leistungen (160 kW) bei einer Regelung auf unter 69%, bei mittleren Leistungen (400 kW) unter 64%, bei großen Leistungen (1000 bis 2000 kW) unter 60% und schließlich bei ganz großen Leistungen (3200 kW) erst unter 53%. Bei sehr kleinen Regelbereichen verhält sich der Einankerumformer mit Gleichstrommotor sogar noch ungünstiger als die Widerstandsregelung und zwar bei kleinen Leistungen (160 kW) bei einer Regelung über 88%, bei mittleren Leistungen über 90% und bei großen Leistungen (1000 kW und mehr) über 91—92%.

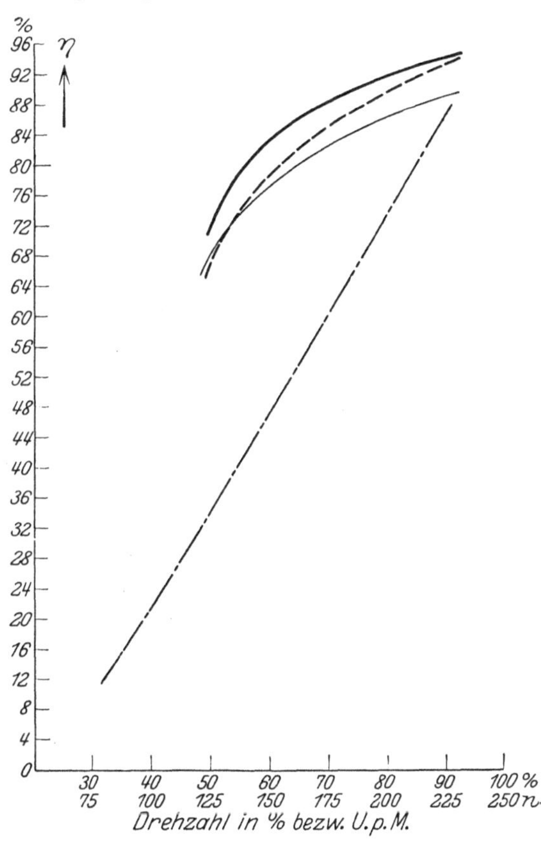


Abb. 73. 3200 kW. Ventilatorantrieb. Tiefste Drehzahl.

Wir erhalten somit für den Antrieb von Ventilatoren und Pumpen das Ergebnis, daß bis zu einem Regelbereich von 40% bei allen Leistungen die Krämerkaskade sich bezüglich des Wirkungsgrades am günstigsten verhält. Bei Regelungen auf weniger als 40% der synchronen Drehzahl werden wir den Einankerumformer mit Gleichstrommotor wählen. Sollte aus räumlichen oder anderen Gründen die Krämerkaskade nicht in Betracht kommen, so ist bis etwa 70% Regelung bei kleinen Leistungen, bis ca. 60% bei mittleren und großen und schließlich bis ca. 55% bei sehr großen Leistungen die Scherbiuskaskade der beste Antrieb; bei größeren Regelbereichen als diese ist dann wieder der Ein

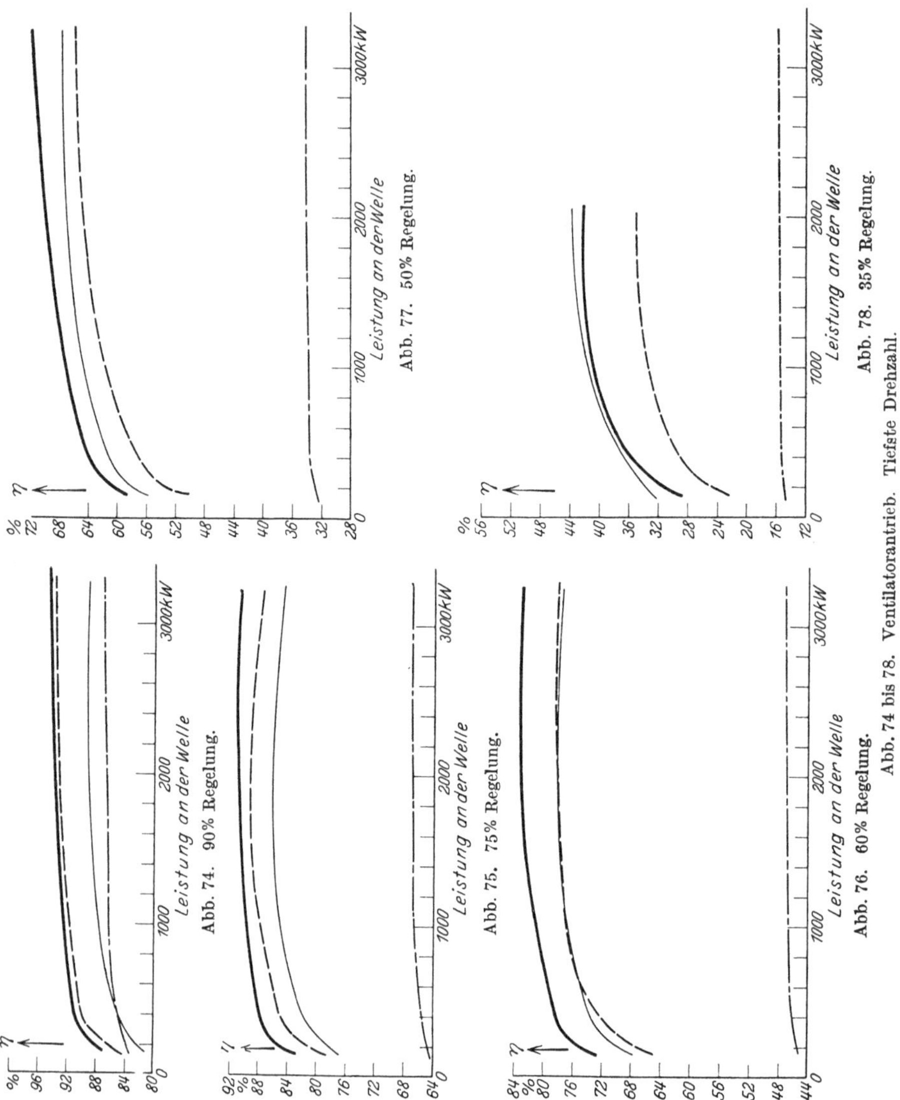



Abb. 74 bis 78. Ventilatorantrieb. Tiefste Drehzahl.

ankerumformer mit Gleichstrommotor vorteilhafter. Widerstandsregelung für längere Zeit ist nur bei ganz kleinen Regelungen bis auf
ca. 90% herab wirtschaftlich, ferner bei sehr großen Regelungen auf
20—30% der synchronen Drehzahl, jedoch kommt letzterer Fall für
die Praxis wohl nie in Betracht.

# E. Die Konstruktion der Drehstrom-Gleichstrom-Kaskaden.

Wie schon mehrfach hervorgehoben wurde, sind die Drehstrom-Gleichstrom-Kaskaden eine Kombination normaler Maschinenarten,

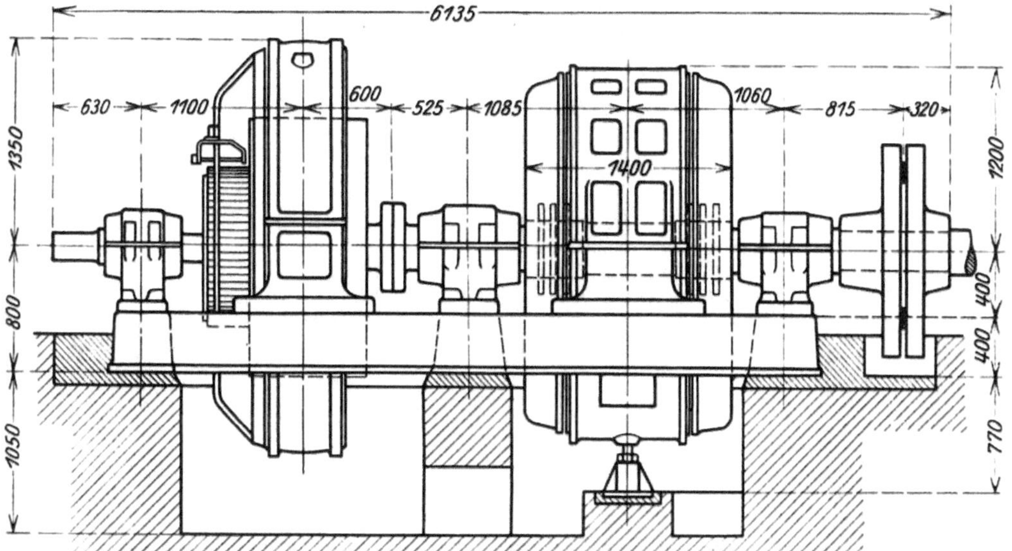

Abb. 79.

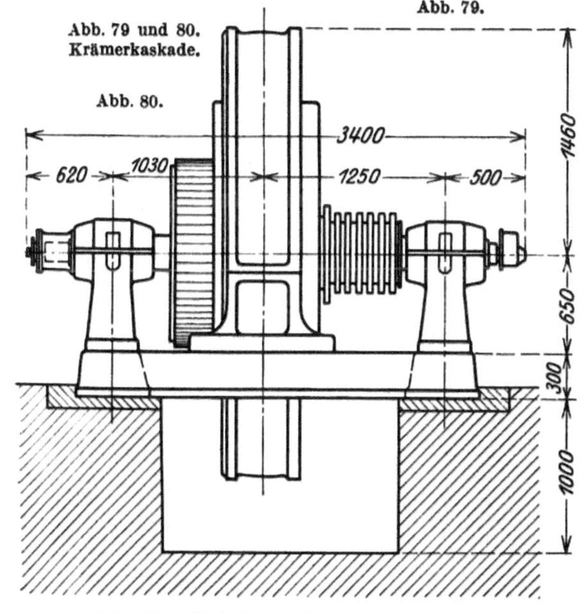

Abb. 79 und 80.
Krämerkaskade.

Abb. 80.

deren elektrische und mechanische Ausführung im einzelnen im Rahmen dieser Arbeit als bekannt vorausgesetzt wird. Wenn in diesem Abschnitt an Hand einiger Zeichnungen und Abbildungen ausgeführter Kaskaden über die Konstruktion dieser Aggregate gesprochen werden soll, so kann es sich daher nur darum handeln, auf die durch den Zusammenbau bedingten Abweichungen gegenüber den normalen Bauarten und auf sonstige charakteristische Merkmale hinzuweisen.

Abb. 79 zeigt die Umrißzeichnung einer Krämerkaskade für den Antrieb eines Walzwerkes mit einer Leistung von 1600/1400 kW und

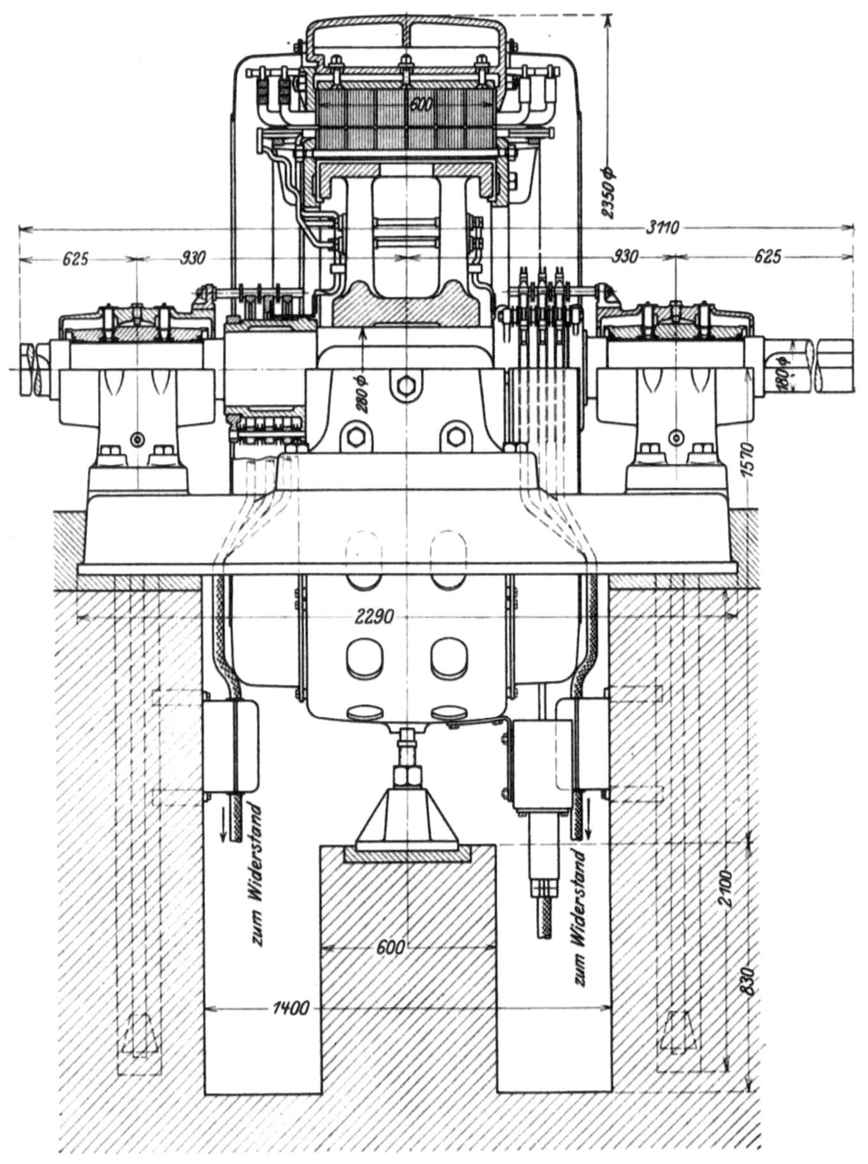


Abb. 81. Langsamlaufend

einer Drehzahlregelung von 470—250 U. p. M. bei 500 synchronen Touren; Abb. 80 ist der zugehörige sechsphasige Einankerumformer mit Zentrifugalschalter (rechts) und Wellenspiel (links); Abb. 85—91 zeigen einige Abbildungen solcher Aggregate.

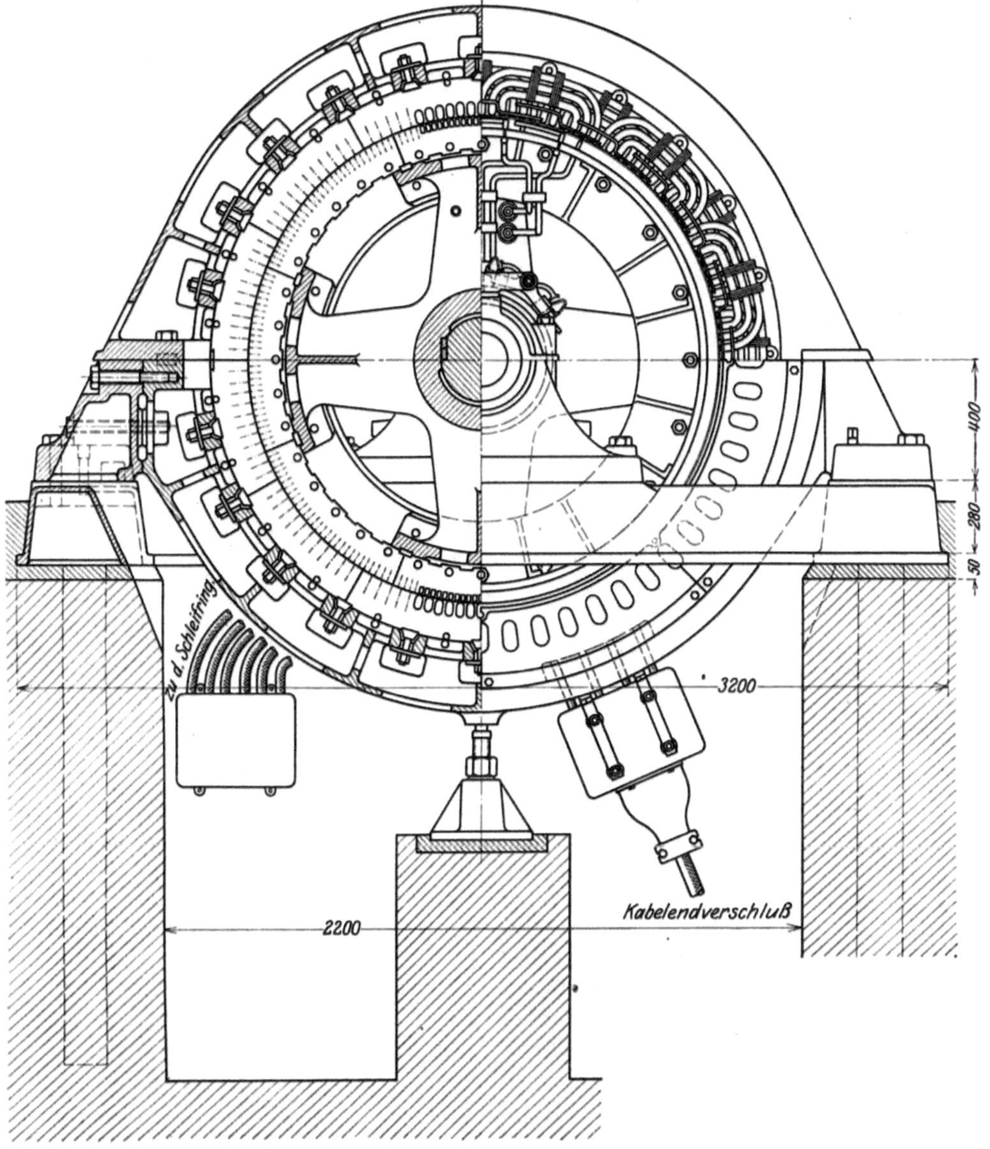


Drehstrommotor.

Die Welle des Drehstromvordermotors ist mit der des Gleichstromhintermotors stets durch einen Kupplungsflansch, wie er in Abb. 79
und Abb. 90 deutlich zu sehen ist, starr verbunden. Das größte zu übertragende Drehmoment, für das die Welle zu bemessen ist, tritt bei der
kleinsten Drehzahl auf, wobei die für Walzwerke vorzusehende stoßweise Überlastbarkeit von 100% zu berücksichtigen ist. Die Antriebe

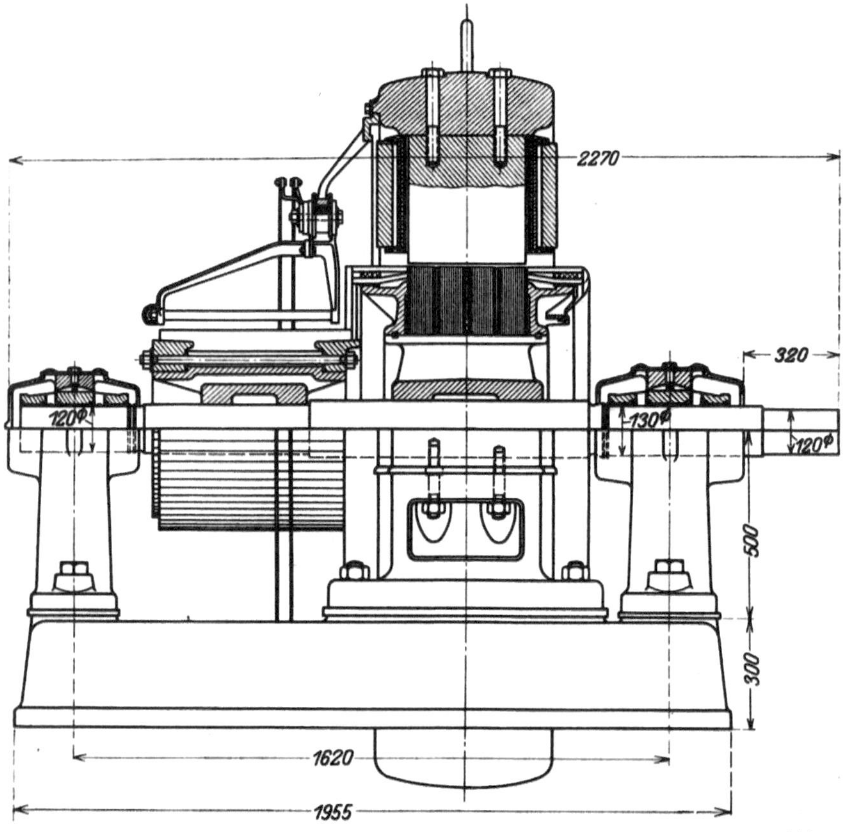


Abb. 82.

haben dreilagerige Ausführung. Die Verbindung des Drehstrommotors
mit der Walzenstraße erfolgt über eine elastische Kupplung, die plötzliche Stöße weicher macht. Eine solche ist z. B. die in Abb. 79 am rechten Ende der Welle angedeutete und in Abb. 84 dargestellte Holzbolzenkupplung, bei der viele Holzbolzen die beiden Kupplungsscheiben verbinden. Abb. 86 zeigt diese Kupplung neben dem großen, mit einem
Schutzblech umgebenen Schwungrad. Erhält der Drehstrommotor
6 Schleifringe, so werden zu beiden Seiten je 3 angeordnet (Abb. 79),

während beim Einankerumformer wie immer die Schleifringe auf der einen, der Kommutator auf der anderen Seite liegen (Abb. 80).

Abb. 81 stellt den Schnitt durch einen langsamlaufenden Drehstrommotor mittlerer Leistung, Abb. 83 den Schnitt durch einen schnelllaufenden Drehstrommotor großer Leistung und Abb. 82 den Schnitt durch eine Gleichstrommaschine dar, wie sie für Drehstrom-Gleich-

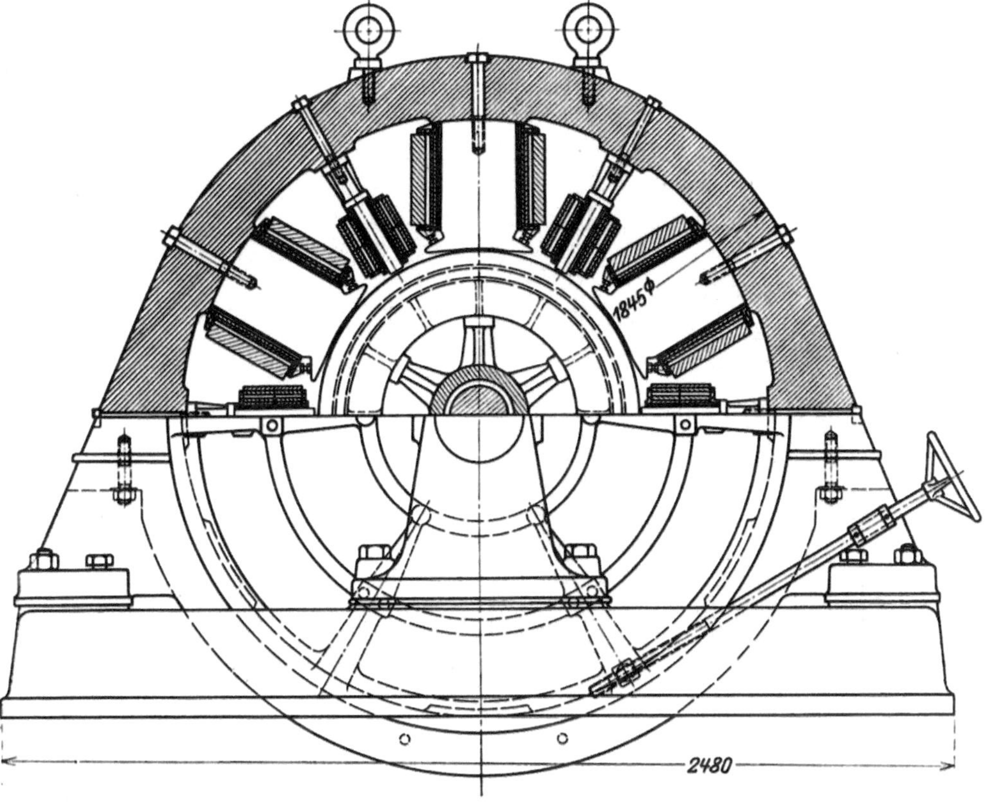


Gleichstrommotor.

strom-Kaskaden Verwendung finden. In Abb. 81 ist die Durchführung der Ableitungen zu den 6 Schleifringen ersichtlich.

Die Abbildungen zeigen uns folgende Krämerkaskaden als Walzwerksantriebe:

Abb. 85 Drehstrom-Gleichstrom-Kaskade mit Hintermotor für 1100 kW dauernd, 50 Per., Drehzahl regelbar von 80—70 U. p. M. Im Vordergrunde links steht der Einankerumformer, rechts der Flüssigkeitsanlasser für den Drehstromvordermotor mit angebauter automa-

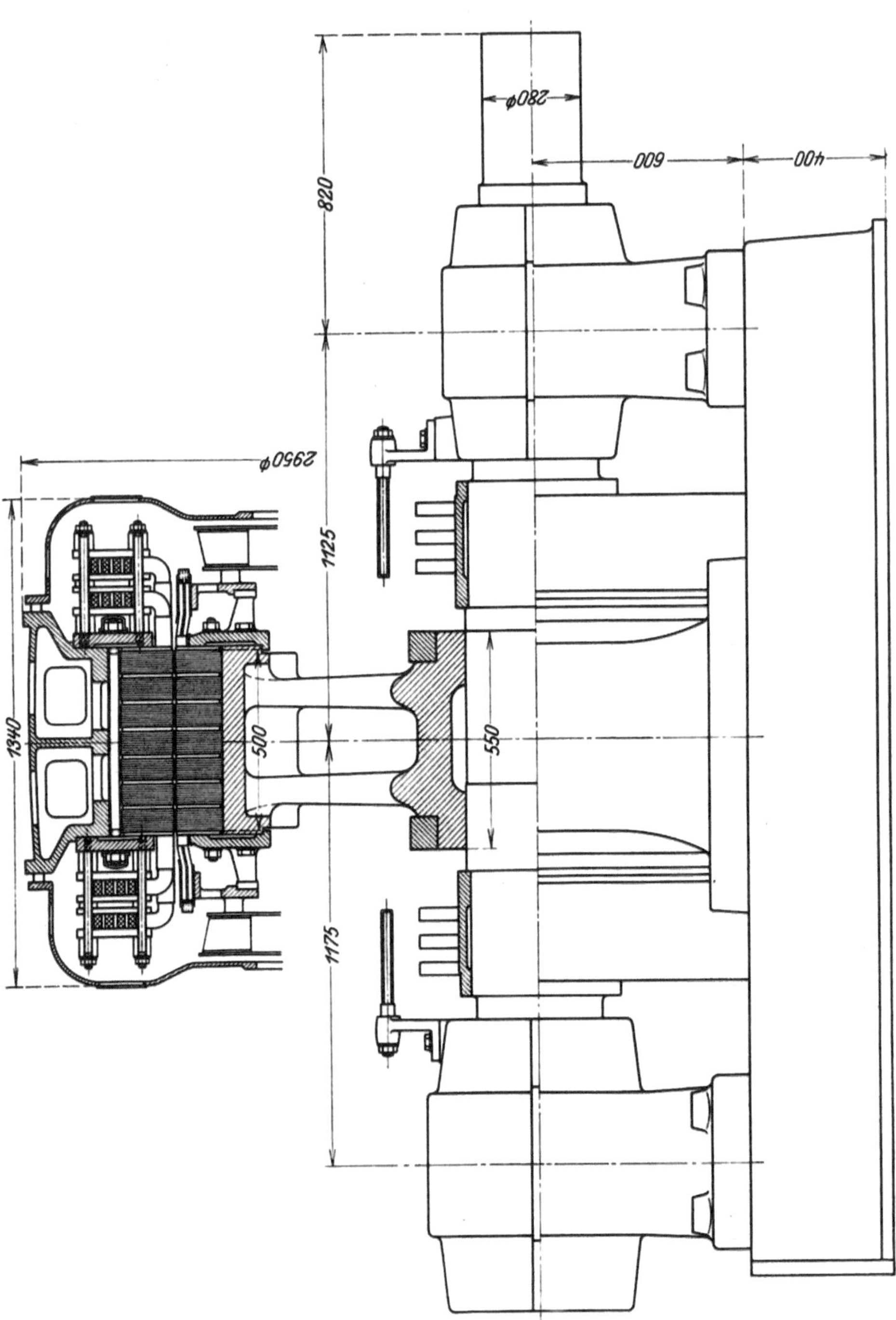

⌀280
600
400
820
⌀2950
1125
500
550
1340
1175

tischer Schlupfreguliervorrichtung für den Fall, daß der Drehstrommotor allein arbeiten und auch dann die Energie des Schwungrades
ausgenützt werden soll. Hinter dem Anlasser steht ein kleiner Motorgenerator, der die Erregerenergie für den Einankerumformer und den
Gleichstrommotor liefert.

Abb. 86, dgl. für 1470 kW dauernd, 25 Per., 93—60 U. p. M.

Abb. 87 und 88, dgl. für 2300 kW dauernd, 50 Per., 150—94 U. p. M.

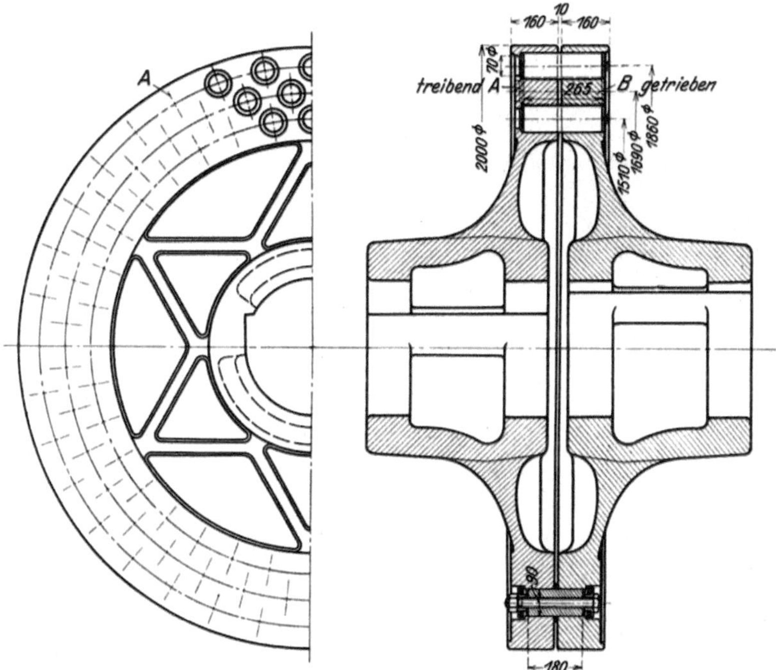


Abb. 84. Holzbolzenkupplung.

Vor dem Drehstrommotor befindet sich das Handrad, durch das beim
Anlaßvorgang der unterirdisch angebrachte sechspolige Umschalter
vom Anlasser auf den Einankerumformer umgelegt wird. Am Einanker
sieht man hier besonders deutlich die Verbindungsdrähte von Pol zu Pol
je für die fremderregte und selbsterregte Wicklung auf den Hauptpolen.

Abb. 89, auf diesem Bild sind 2 Aggregate zu sehen.

Im Vordergrunde eine Krämerkaskade für 736 kW dauernd, 50 Per.,
345—175 U. p. M.; im Hintergrunde für 736 kW dauernd, 50 Per.,
390—250 U. p. M. Anlasser, Nebenschlußregler für beide Sätze, sowie
der Reguliershunt für die Kompoundwicklung des einen Gleichstromhintermotors (rechts vom Handrad für den Umschalter) sind hier ebenfalls sichtbar.

Abb. 85. Krämerkaskade.

Abb. 86. Krämerkaskade.

Abb. 90 und 91, dgl. für 736 kW dauernd, 50 Per., 550—325 U. p. M. Die Umrißzeichnung einer ausgeführten Kaskade mit Umformer („Scherbiuskaskade") zeigt Abb. 93—95.

Abb. 87. Krämerkaskade.

Abb. 88. Krämerkaskade.

Abb. 93 stellt den alleinstehenden Drehstrommotor dar. Abb. 94 den dreiphasigen Einankerumformer und 95 den Motorgenerator, aus einem Gleichstrommotor und einem Asynchrongenerator bestehend,

Abb. 89. Krämerkaskaden.

Abb. 90. Krämerkaskade.

mit dem zugleich eine kleine Erregermaschine zur Lieferung der Erregerenergie für den Einanker und den Gleichstrommotor gekuppelt ist. Das Aggregat dient zum Antrieb eines Ventilators und liefert 550/440 kW bei 230/210 U. p. M., 50 Per.

Abb. 92 zeigt eine Scherbiuskaskade zum Antrieb eines Grubenventilators für 15 000 cbm minutlich bei 360 mm Depression. Der mit

Abb. 91. Krämerkaskade.

Abb. 92. Scherbiuskaskade.

dem Ventilator gekuppelte Drehstrommotor leistet 1100/368 kW bei 215/150 U. p. M., 50 Per. Der sechsphasige Einankerumformer ist im Vordergrunde, der Motorgenerator im Hintergrunde zu sehen.

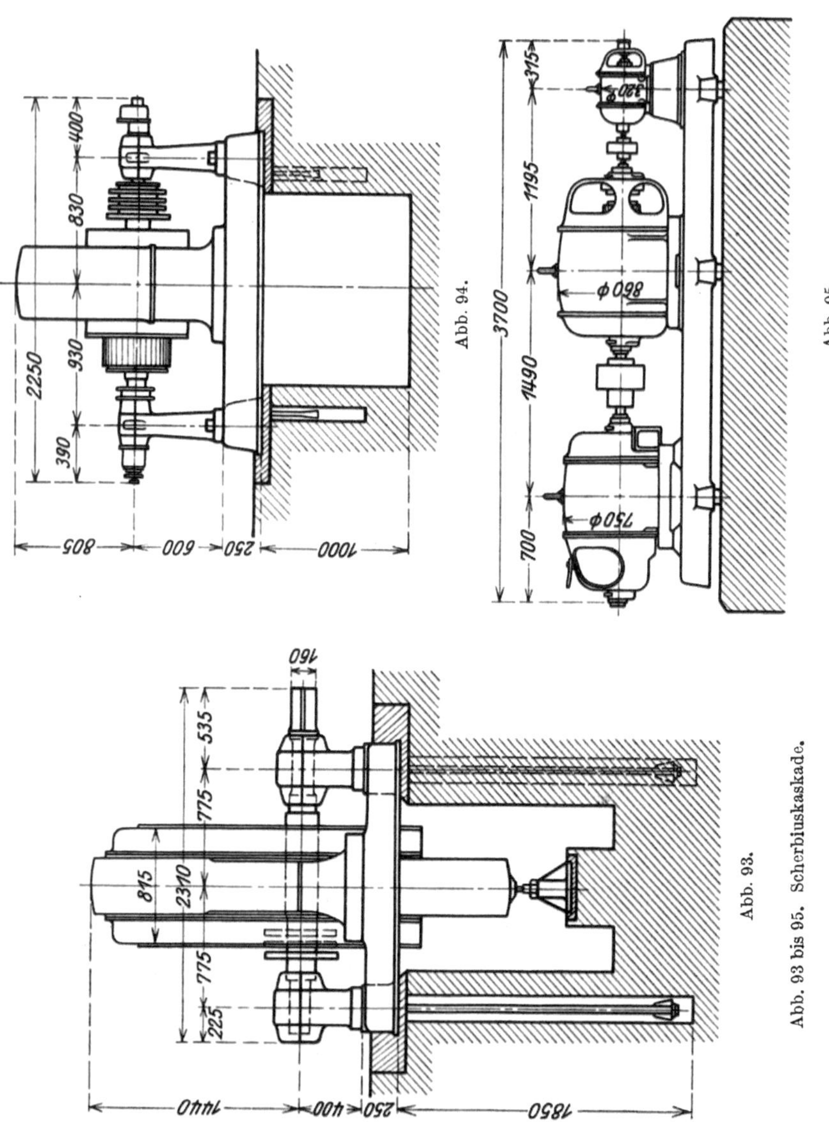

Abb. 93 bis 95. Scherbiuskaskade.

Abb. 96—99 stellen die besondere Verwendungsart einer Krämerkaskade in Verbindung mit einer Synchronmaschine als Periodenumformer dar, wie er für das Elektrizitätswerk Frankfurt a. Main geliefert wurde.

Es wird ein Einphasennetz von 45,3 Per. und 3000 Volt mit einem 50-periodigen Drehstromnetz von 5200 Volt gekuppelt, wobei in jedem Netz

Abb. 96. Periodenumformer.

Abb. 97. Periodenumformer.

Frequenzschwankungen von $\pm$ 1,5 % angenommen wurden. Der Satz läuft mit 680 U.p.M. im Mittel (von 691—670 U.p.M. schwankend) und kann 8850 kVA. bei $\cos \varphi = 0{,}6$ von der Drehstrom- auf die Einphasenseite übertragen, in umgekehrter Richtung 5100 kVA. bei $\cos \varphi = 1$.

Die an das Einphasennetz angeschlossene Synchronmaschine ist die mittlere der drei auf einer dreiteiligen Welle sitzenden Maschinen.

Abb. 98. Periodenumformer.

Abb. 99. Periodenumformer.

Sie ist einerseits mit dem Drehstrom-Asynchronmotor, andererseits mit der infolge des sehr geringen Regelbereiches kleinen Gleichstromhintermaschine gekuppelt. Der alleinstehende Einankerumformer ist sechsphasig und mit Wendepolen ausgerüstet.

Abb. 100. Langsamlaufender Drehstrommotor.

Abb. 101. Motorgenerator.

Abb. 96 zeigt die Gesamtanordnung der Maschinen im Elektrizitätswerk Frankfurt a. Main, wo zwei dieser Aggregate von gleicher Größe zur Aufstellung gelangten. Im Vordergrund steht der erste Satz, im Hintergrund der zweite, in der Mitte die beiden Einankerumformer und schließlich links an der Seite zwei kleine Erregersätze für beide Periodenumformer. In Abb. 97 sind die drei miteinander gekuppelten Maschinen eines Satzes zu sehen, in Abb. 98 die beiden Einankerumformer und in Abb. 99 der Erregermaschinensatz, der die Erregerenergie für die Synchronmaschine (2. Maschine von links), den Einankerumformer (3. Maschine) und den Gleichstromhintermotor (4. Maschine) eines Hauptmaschinensatzes liefert; der Antriebsmotor (1. Maschine) ist ein Drehstrommotor, der am 50 Per.-Netz hängt.

Schließlich folgen einige Ansichten einzelner Maschinen, wie sie für die Drehstrom-Gleichstrom - Kaskaden Verwendung finden.

Abb. 100, Drehstrommotor mit 62,5 synchronen Touren und 1600 kW bei 50 Per.

Abb. 102 gibt die Ansicht einer kleinen Gleichstrommaschine (100 kW bei 570 U. p. M). wieder, wie sie bei schnellaufenden Kaskaden mit kleiner Schlupfleistung verwendet wird.

Abb. 102. Kleine Gleichstommaschine.

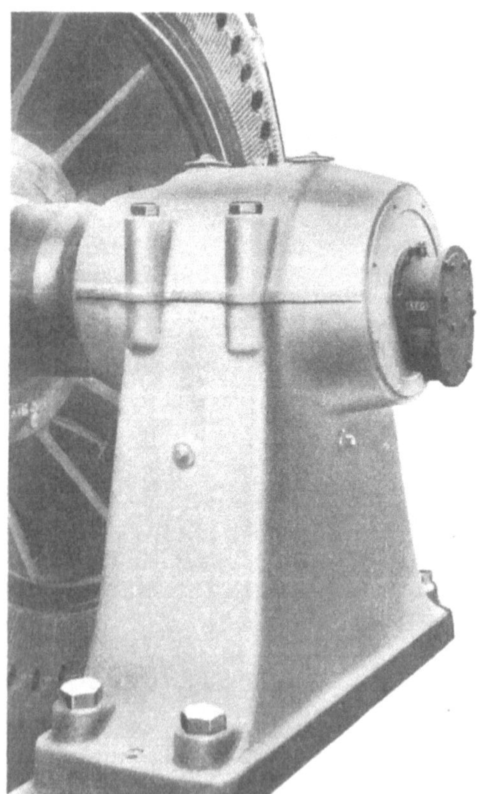

Abb. 103. Zentrifugalschalter.

Abb. 101 zeigt einen Motorgenerator (Asynchronmaschine mit Gleichstrommaschine), wie er für Scherbiuskaskaden kleiner Schlupfleistung als Hinterumformer und bei großen Krämerkaskaden als Erregerumformer zur Anwendung kommt.

Abb. 104.            Abb. 105.

Abb. 104 und 105. Zentrifugalschalter.

Endlich stellen Abb. 103 bis 105 einen Zentrifugalschalter mit Zahnradübersetzung dar, wie er bei langsamlaufenden Einankerumformern eingebaut wird. Abb. 103 zeigt den Anbau des Schalters am Einankerumformer, Abb. 104 und 105 sind Ansichten des geöffneten Schalters, wobei im letzten Bild die Lagerung seiner Welle fortgelassen ist.

# Anhang.

Berechnung des Faktors $\alpha$ (Tabelle zu S. 27—29).

| $n_1$ in % | $1-n_1$ | $1-n_1{}^2$ | $\alpha_0$ | $\alpha_2$ | $\alpha'_1$ | $\alpha_1=(\alpha'_1+6\%)$ |
|---|---|---|---|---|---|---|
| 0,80 | 0,20 | 0,36 | 4,0 | 5,0 | 4,445 | 4,71 |
| 0,75 | 0,25 | 0,4375 | 3,0 | 4,0 | 3,428 | 3,637 |
| 0,70 | 0,30 | 0,51 | 2,333 | 3,333 | 2,745 | 2,913 |
| 0,65 | 0,35 | 0,5775 | 1,857 | 2,857 | 2,251 | 2,385 |
| 0,60 | 0,40 | 0,64 | 1,5 | 2,50 | 1,875 | 1,99 |
| 0,50 | 0,50 | 0,75 | 1,0 | 2,0 | 1,333 | 1,414 |
| 0,40 | 0,60 | 0,84 | 0,667 | 1,667 | 0,952 | 1,009 |
| 0,30 | 0,70 | 0,91 | 0,428 | 1,428 | 0,659 | 0,698 |

## Tabellen zur Verlustberechnung gemäß Abschnitt D.

### 1. Widerstandsreglung.

$LV$ = Leerlaufsverluste, $KV$ = Kupferverluste, $V$ = Gesamtverluste, $L$ = abgegebene, $L'$ = aufgenommene Leistung.

#### 160 kW

| $n$ | 235 | 225 | 187,5 | 150 | 125 | 87,5 |
|---|---|---|---|---|---|---|
| $LV$ | 4,272 | 4,230 | 4,153 | 4,162 | 4,204 | 4,331 |
| $KV$ | 18,258 | 25,105 | 50,765 | 76,38 | 93,439 | 118,965 |
| $V$ | 22,53 | 29,335 | 54,92 | 80,54 | 97,64 | 123,296 |
| $L$ | 160,0 | 153,20 | 127,70 | 102,10 | 85,10 | 59,55 |
| $L'$ | 182,53 | 182,535 | 182,62 | 182,64 | 182,74 | 182,846 |
| $\eta$ | 87,67 | 83,94 | 69,95 | 55,9 | 46,55 | 32,5 |

#### 400 kW

| $n$ | 235 | 225 | 187,5 | 150 | 125 | 87,5 |
|---|---|---|---|---|---|---|
| $LV$ | 9,00 | 8,89 | 8,66 | 8,63 | 8,70 | 8,96 |
| $KV$ | 38,1 | 55,2 | 119,5 | 183,56 | 226,40 | 290,4 |
| $V$ | 47,10 | 64,1 | 128,16 | 192,2 | 235,1 | 299,36 |
| $L$ | 400,0 | 383,0 | 319,20 | 255,40 | 212,8 | 148,96 |
| $L'$ | 447,1 | 447,1 | 447,36 | 447,60 | 447,9 | 448,32 |
| $\eta$ | 89,46 | 85,66 | 71,3 | 57,05 | 47,53 | 33,2 |

#### 1000 kW

| $n$ | 235 | 225 | 187,5 | 150 | 125 | 87,5 |
|---|---|---|---|---|---|---|
| $LV$ | 20,17 | 19,86 | 19,09 | 18,75 | 18,71 | 18,99 |
| $KV$ | 84,29 | 126,91 | 287,74 | 447,29 | 554,69 | 714,89 |
| $V$ | 104,46 | 146,77 | 306,83 | 466,04 | 573,4 | 733,9 |
| $L$ | 1000,0 | 957,50 | 798,0 | 638,0 | 532,0 | 372,4 |
| $L'$ | 1104,46 | 1104,27 | 1104,83 | 1104,04 | 1105,4 | 1106,3 |
| $\eta$ | 90,55 | 86,72 | 72,22 | 57,8 | 48,15 | 33,7 |

### 2000 kW

| $n$ | 235 | 225 | 187,5 | 150 | 125 | 87,5 |
|---|---|---|---|---|---|---|
| $LV$ | 38,52 | 37,88 | 36,24 | 35,43 | 35,25 | 35,62 |
| $KV$ | 158,58 | 244,33 | 565,06 | 886,03 | 1100,03 | 1420,08 |
| $V$ | 197,1 | 282,2 | 601,3 | 921,5 | 1135,3 | 1455,7 |
| $L$ | 2000,0 | 1915,0 | 1596,0 | 1276,0 | 1064,0 | 744,8 |
| $L'$ | 2197,1 | 2197,2 | 2197,3 | 2197,5 | 2199,3 | 2200,5 |
| $\eta$ | 91,03 | 87,15 | 72,63 | 58,5 | 48,35 | 33,85 |

### 3200 kW

| | | | | | | |
|---|---|---|---|---|---|---|
| $LV$ | 54,83 | 53,74 | 50,80 | 49,06 | 48,43 | 48,44 |
| $KV$ | 246,37 | 384,67 | 898,30 | 1411,67 | 1753,77 | 2268,77 |
| $V$ | 302,2 | 438,4 | 949,10 | 1460,7 | 1802,2 | 2317,2 |
| $L$ | 3200,0 | 3064,0 | 2554,0 | 2042,0 | 1702,0 | 1191,0 |
| $L'$ | 3502,2 | 3502,4 | 3503,1 | 3502,7 | 3504,2 | 3508,2 |
| $\eta$ | 91,37 | 87,49 | 73,93 | 58,28 | 48,55 | 34,0 |

## 2. Krämerkaskade für konstante Leistung.

$D$ = Drehstrommotor, $E$ = Einankerumformer, $G$ = Gleichstrommotor, $d$ = Differenz zwischen Motor- und Kaskadenwirkungsgrad.

### a) Vollast, tiefste Drehzahl.

### 160 kW  $\eta = 89,44$

| $n$ | 225 | 187,5 | 150 | 125 | 87,5 |
|---|---|---|---|---|---|
| $D$ | 16,92 | 16,843 | 16,852 | 16,895 | 17,02 |
| $E$ | 4,91 | 6,955 | 8,82 | 10,165 | 12,56 |
| $G$ | 2,395 | 5,67 | 9,405 : | 12,135 | 15,92 |
| $V$ | 24,225 | 29,468 | 35,077 | 39,195 | 45,50 |
| $L$ | 160,0 | 160,0 | 160,0 | 160,0 | 160,0 |
| $L'$ | 184,225 | 189,47 | 195,08 | 199,2 | 205,5 |
| $\eta$ | 86,87 | 84,45 | 82,02 | 80,34 | 77,86 |
| $d$ | 2,57 | 4,99 | 7,42 | 9,10 | 11,58 |

### 400 kW  $\eta = 92,53$

| | | | | | |
|---|---|---|---|---|---|
| $D$ | 28,94 | 28,71 | 28,67 | 28,75 | 29,01 |
| $E$ | 7,355 | 10,735 | 13,88 | 17,51 | 21,545 |
| $G$ | 4,585 | 11,93 | 17,68 | 23,27 | 28,89 |
| $V$ | 40,880 | 51,375 | 60,23 | 69,53 | 79,445 |
| $L$ | 400,0 | 400,0 | 400,0 | 400,0 | 400,0 |
| $L'$ | 440,9 | 451,375 | 460,23 | 469,53 | 479,454 |
| $\eta$ | 90,72 | 88,62 | 86,92 | 85,19 | 83,43 |
| $d$ | 1,81 | 3,91 | 5,61 | 7,34 | 9,10 |

### 1000 kW  $\eta = 94,40$

| | | | | | |
|---|---|---|---|---|---|
| $D$ | 54,436 | 53,67 | 53,32 | 53,29 | 53,57 |
| $E$ | 16,48 | 22,48 | 29,55 | 34,71 | 43,43 |
| $G$ | 11,625 | 23,81 | 36,425 | 43,33 | 53,19 |
| $V$ | 82,54 | 99,96 | 119,295 | 131,33 | 150,19 |
| $L$ | 1000,0 | 1000,0 | 1000,0 | 1000,0 | 1000,0 |
| $L'$ | 1082,54 | 1100,0 | 1119,3 | 1131,33 | 1150,2 |
| $\eta$ | 92,37 | 90,92 | 89,34 | 88,40 | 86,94 |
| $d$ | 2,03 | 3,48 | 5,06 | 6,00 | 7,46 |

$$2000 \text{ kW} \qquad \eta = 95{,}23$$

| $n$ | 225 | 187,5 | 150 | 125 | 87,5 |
|---|---|---|---|---|---|
| $D$ | 92,90 | 91,26 | 90,43 | 90,27 | 90,65 |
| $E$ | 27,145 | 37,82 | 50,045 | 59,20 | 75,23 |
| $G$ | 18,47 | 39,30 | 56,73 | 71,355 | 94,62 |
| $V$ | 138,515 | 168,38 | 197,205 | 220,825 | 260,50 |
| $L$ | 2000,0 | 2000,0 | 2000,0 | 2000,0 | 2000,0 |
| $L'$ | 2138,5 | 2168,4 | 2197,2 | 2220,8 | 2260,5 |
| $\eta$ | 93,52 | 92,24 | 91,02 | 90,06 | 88,48 |
| $d$ | 1,71 | 3,00 | 4,21 | 5,17 | 6,75 |

$$3200 \text{ kW} \qquad \eta = 95{,}85$$

| $n$ | 225 | 187,5 | 150 | 125 | |
|---|---|---|---|---|---|
| $D$ | 129,14 | 126,18 | 124,40 | 123,81 | |
| $E$ | 35,53 | 52,575 | 76,02 | 93,71 | |
| $G$ | 26,56 | 53,55 | 88,05 | 106,94 | |
| $V$ | 191,23 | 232,305 | 288,47 | 324,46 | |
| $L$ | 3200,0 | 3200,0 | 3200,0 | 3200,0 | |
| $L'$ | 3391,23 | 3432,3 | 3488,5 | 3524,5 | |
| $\eta$ | 94,35 | 93,22 | 91,73 | 90,80 | |
| $d$ | 1,50 | 2,63 | 4,12 | 5,05 | |

### b) Halblast, tiefste Drehzahl.

$$160 \text{ kW} \qquad \eta = 90{,}53$$

| $n$ | 225 | 187,5 | 150 | 125 | 87,5 |
|---|---|---|---|---|---|
| $D$ | 8,216 | 8,14 | 8,147 | 8,19 | 8,318 |
| $E$ | 2,99 | 4,88 | 6,67 | 8,045 | 10,475 |
| $G$ | 1,175 | 2,93 | 4,41 | 5,56 | 7,565 |
| $V$ | 12,381 | 15,95 | 19,227 | 21,795 | 26,358 |
| $L$ | 80,0 | 80,0 | 80,0 | 80,0 | 80,0 |
| $L'$ | 92,38 | 95,95 | 99,23 | 101,8 | 106,36 |
| $\eta$ | 86,6 | 83,31 | 80,61 | 78,6 | 75,22 |
| $d$ | 3,93 | 7,22 | 9,92 | 11,93 | 15,31 |

$$400 \text{ kW} \qquad \eta = 92{,}82$$

| $n$ | 225 | 187,5 | 150 | 125 | 87,5 |
|---|---|---|---|---|---|
| $D$ | 14,933 | 14,703 | 14,663 | 14,743 | 15,003 |
| $E$ | 4,58 | 7,64 | 10,885 | 13,675 | 17,755 |
| $G$ | 2,165 | 5,935 | 9,625 | 12,465 | 15,58 |
| $V$ | 21,678 | 28,278 | 35,173 | 40,883 | 48,338 |
| $L$ | 200,0 | 200,0 | 200,0 | 200,0 | 200,0 |
| $L'$ | 221,68 | 228,28 | 235,17 | 240,88 | 248,34 |
| $\eta$ | 90,22 | 87,62 | 85,06 | 83,03 | 80,55 |
| $d$ | 2,60 | 5,20 | 7,76 | 9,79 | 12,27 |

$$1000 \text{ kW} \qquad \eta = 94{,}11$$

| $n$ | 225 | 187,5 | 150 | 125 | 87,5 |
|---|---|---|---|---|---|
| $D$ | 30,156 | 29,388 | 29,04 | 29,01 | 29,29 |
| $E$ | 9,86 | 15,875 | 22,23 | 27,47 | 36,295 |
| $G$ | 5,77 | 13,53 | 22,475 | 24,55 | 29,65 |
| $V$ | 45,786 | 58,793 | 73,745 | 81,03 | 95,235 |
| $L$ | 500,0 | 500,0 | 500,0 | 500,0 | 500,0 |
| $L'$ | 545,8 | 558,8 | 573,75 | 581,0 | 595,24 |
| $\eta$ | 91,61 | 89,48 | 87,14 | 86,06 | 84,0 |
| $d$ | 2,50 | 4,63 | 6,97 | 8,05 | 10,11 |

### 2000 kW $\quad \eta = 94,72$

| $n$ | 225 | 187,5 | 150 | 125 | 87,5 |
|---|---|---|---|---|---|
| $D$ | 53,85 | 52,21 | 51,38 | 51,22 | 51,60 |
| $E$ | 17,065 | 27,49 | 38,745 | 48,10 | 64,345 |
| $G$ | 10,19 | 25,29 | 34,55 | 44,285 | 57,17 |
| $V$ | 81,105 | 104,99 | 124,675 | 143,605 | 173,115 |
| $L$ | 100,0 | 1000,0 | 1000,0 | 1000,0 | 1000,0 |
| $L'$ | 1081,1 | 1105,0 | 1124,7 | 1143,6 | 1173,1 |
| $\eta$ | 92,5 | 90,5 | 88,92 | 87,45 | 85,24 |
| $d$ | 2,22 | 4,22 | 5,80 | 7,27 | 9,48 |

### 3200 kW $\quad \eta = 95,29$

| | 225 | 187,5 | 150 | 125 | |
|---|---|---|---|---|---|
| $D$ | 75,74 | 72,78 | 71,00 | 70,41 | |
| $E$ | 23,325 | 40,30 | 62,94 | 80,685 | |
| $G$ | 15,665 | 33,09 | 58,70 | 71,575 | |
| $V$ | 114,73 | 146,17 | 192,64 | 222,67 | |
| $L$ | 1600,0 | 1600,0 | 1600,0 | 1600,0 | |
| $L'$ | 1714,73 | 1746,17 | 1792,64 | 1822,67 | |
| $\eta$ | 93,3 | 91,62 | 89,27 | 87,79 | |
| $d$ | 2,00 | 3,67 | 6,02 | 7,50 | |

## c) Vollast, höchste Drehzahl.

### 160 kW $\quad \eta = 89,44$

| $n$ | 225 | 187,5 | 150 | 125 | 87,5 |
|---|---|---|---|---|---|
| $D$ | 16,96 | 16,96 | 16,96 | 16,96 | 16,96 |
| $E$ | 4,32 | 6,145 | 6,64 | 6,68 | 6,70 |
| $G$ | 2,03 | 4,42 | 7,69 | 10,52 | 13,82 |
| $V$ | 23,31 | 27,525 | 31,29 | 34,16 | 37,48 |
| $L$ | 160,0 | 160,0 | 160,0 | 160,0 | 160,0 |
| $L'$ | 183,3 | 187,525 | 191,3 | 194,16 | 197,5 |
| $\eta$ | 87,3 | 85,33 | 83,65 | 82,42 | 81,01 |
| $d$ | 2,14 | 4,11 | 5,79 | 7,02 | 8,43 |

### 400 kW $\quad \eta = 92,53$

| | 225 | 187,5 | 150 | 125 | 87,5 |
|---|---|---|---|---|---|
| $D$ | 29,05 | 29,05 | 29,05 | 29,05 | 29,05 |
| $E$ | 8,185 | 10,23 | 10,205 | 12,395 | 12,39 |
| $G$ | 3,98 | 9,385 | 13,23 | 18,50 | 24,02 |
| $V$ | 41,215 | 48,665 | 52,485 | 59,945 | 65,46 |
| $L$ | 400,0 | 400,0 | 400,0 | 400,0 | 400,0 |
| $L'$ | 441,2 | 448,7 | 452,5 | 460,0 | 465,5 |
| $\eta$ | 90,66 | 89,15 | 88,41 | 86,98 | 85,95 |
| $d$ | 1,87 | 3,38 | 4,12 | 5,55 | 6,58 |

### 1000 kW $\quad \eta = 94,40$

| | 225 | 187,5 | 150 | 125 | 87,5 |
|---|---|---|---|---|---|
| $D$ | 54,75 | 54,75 | 54,75 | 54,75 | 54,75 |
| $E$ | 16,91 | 18,575 | 20,51 | 20,525 | 20,49 |
| $G$ | 10,015 | 17,70 | 25,82 | 35,035 | 47,76 |
| $V$ | 81,675 | 91,025 | 101,08 | 110,31 | 123,00 |
| $L$ | 1000,0 | 1000,0 | 1000,0 | 1000,0 | 1000,0 |
| $L'$ | 1081,7 | 1091,0 | 1101,1 | 1110,3 | 1123,0 |
| $\eta$ | 92,45 | 91,66 | 90,82 | 90,06 | 89,05 |
| $d$ | 1,95 | 2,74 | 3,58 | 4,34 | 5,35 |

$$2000\ \text{kW} \qquad \eta = 95{,}23$$

| $n$ | 225 | 187,5 | 150 | 125 | 87,5 |
|---|---|---|---|---|---|
| $D$ | 93,53 | 93,53 | 93,53 | 93,53 | 93,53 |
| $E$ | 27,195 | 28,93 | 31,17 | 30,975 | 30,90 |
| $G$ | 15,16 | 26,44 | 43,285 | 55,96 | 92,555 |
| $V$ | 135,885 | 148,90 | 167,985 | 180,465 | 216,985 |
| $L$ | 2000,0 | 2000,0 | 2000,0 | 2000,0 | 2000,0 |
| $L'$ | 2135,9 | 2148,9 | 2168,0 | 2180,5 | 2217,0 |
| $\eta$ | 93,64 | 93,07 | 92,25 | 91,72 | 90,21 |
| $d$ | 1,59 | 2,16 | 2,98 | 3,51 | 5,02 |

$$3200\ \text{kW} \qquad \eta = 95{,}85$$

| $n$ | 225 | 187,5 | 150 | 125 | |
|---|---|---|---|---|---|
| $D$ | 130,185 | 130,185 | 130,185 | 130,185 | |
| $E$ | 33,045 | 35,17 | 37,39 | 37,115 | |
| $G$ | 20,72 | 38,94 | 64,03 | 81,46 | |
| $V$ | 183,950 | 204,295 | 231,605 | 248,760 | |
| $L$ | 3200,0 | 3200,0 | 3200,0 | 3200,0 | |
| $L'$ | 3383,95 | 3404,3 | 3431,6 | 3448,76 | |
| $\eta$ | 94,57 | 94,0 | 93,25 | 92,78 | |
| $d$ | 1,28 | 1,85 | 2,60 | 3,07 | |

### d) Halblast, höchste Drehzahl.

$$160\ \text{kW} \qquad \eta = 90{,}53$$

| $n$ | 225 | 187,5 | 150 | 125 | 87,5 |
|---|---|---|---|---|---|
| $D$ | 8,255 | 8,255 | 8,255 | 8,255 | 8,255 |
| $E$ | 2,48 | 3,195 | 3,38 | 3,39 | 3,40 |
| $G$ | 0,81 | 1,68 | 2,695 | 3,945 | 5,465 |
| $V$ | 11,545 | 13,13 | 14,33 | 15,59 | 17,12 |
| $L$ | 80,0 | 80,0 | 80,0 | 80,0 | 80,0 |
| $L'$ | 91,55 | 93,13 | 94,33 | 95,59 | 97,12 |
| $\eta$ | 87,4 | 85,9 | 84,8 | 83,7 | 82,37 |
| $d$ | 3,13 | 4,63 | 5,73 | 6,83 | 8,16 |

$$400\ \text{kW} \qquad \eta = 92{,}82$$

| $D$ | 15,043 | 15,043 | 15,043 | 15,043 | 15,043 |
|---|---|---|---|---|---|
| $E$ | 4,33 | 4,975 | 4,925 | 5,83 | 5,825 |
| $G$ | 1,56 | 3,39 | 5,175 | 7,695 | 10,71 |
| $V$ | 20,933 | 23,408 | 25,143 | 28,568 | 31,578 |
| $L$ | 200,0 | 200,0 | 200,0 | 200,0 | 200,0 |
| $L'$ | 220,93 | 223,41 | 225,14 | 228,57 | 231,58 |
| $\eta$ | 90,53 | 89,53 | 88,84 | 87,51 | 86,38 |
| $d$ | 2,29 | 3,29 | 3,98 | 5,31 | 6,44 |

$$1000\ \text{kW} \qquad \eta = 94{,}11$$

| $D$ | 30,47 | 30,47 | 30,47 | 30,47 | 30,47 |
|---|---|---|---|---|---|
| $E$ | 9,04 | 9,69 | 10,31 | 10,325 | 10,33 |
| $G$ | 4,16 | 7,42 | 11,87 | 16,255 | 24,22 |
| $V$ | 43,67 | 47,58 | 52,65 | 57,05 | 65,02 |
| $L$ | 500,0 | 500,0 | 500,0 | 500,0 | 500,0 |
| $L'$ | 543,67 | 547,58 | 552,65 | 557,05 | 565,02 |
| $\eta$ | 91,96 | 91,3 | 90,47 | 89,76 | 88,5 |
| $d$ | 2,15 | 2,81 | 3,64 | 4,35 | 5,61 |

### 2000 kW　　　$\eta = 94{,}72$

| $n$ | 225 | 187,5 | 150 | 125 | 87,5 |
|---|---|---|---|---|---|
| $D$ | 54,48 | 54,48 | 54,48 | 54,48 | 54,48 |
| $E$ | 15,545 | 15,905 | 16,65 | 16,525 | 16,545 |
| $G$ | 6,88 | 12,43 | 21,105 | 28,89 | 55,105 |
| $V$ | 76,905 | 82,815 | 92,235 | 99,895 | 126,130 |
| $L$ | 1000,0 | 1000,0 | 1000,0 | 1000,0 | 1000,0 |
| $L'$ | 1076,9 | 1082,8 | 1092,24 | 1099,9 | 1126,13 |
| $\eta$ | 92,86 | 92,35 | 91,56 | 90,92 | 88,79 |
| $d$ | 1,86 | 2,37 | 3,16 | 3,80 | 5,93 |

### 3200 kW　　　$\eta = 95{,}29$

| | 225 | 187,5 | 150 | 125 | |
|---|---|---|---|---|---|
| $D$ | 76,785 | 76,785 | 76,785 | 76,785 | |
| $E$ | 19,58 | 20,675 | 21,425 | 21,195 | |
| $G$ | 9,825 | 18,48 | 34,68 | 46,095 | |
| $V$ | 106,19 | 115,94 | 132,89 | 144,075 | |
| $L$ | 1600,0 | 1600,0 | 1600,0 | 1600,0 | |
| $L'$ | 1706,2 | 1715,94 | 1732,9 | 1744,1 | |
| $\eta$ | 93,77 | 93,24 | 92,33 | 91,73 | |
| $d$ | 1,52 | 2,05 | 2,96 | 3,56 | |

## 3. Krämerkaskade für konstantes Drehmoment.

### Vollast, tiefste Drehzahl.

### 160 kW　　　$\eta = 89{,}44$

| $n$ | 225 | 187,5 | 150 | 125 | 87,5 |
|---|---|---|---|---|---|
| $D$ | 15,99 | 12,665 | 10,03 | 8,64 | 7,11 |
| $E$ | 4,64 | 6,04 | 7,28 | 8,455 | 10,32 |
| $G$ | 2,265 | 4,385 | 5,495 | 6,09 | 6,27 |
| $V$ | 22,895 | 23,09 | 22,805 | 23,185 | 23,70 |
| $L$ | 153,2 | 127,7 | 102,1 | 85,1 | 59,55 |
| $L'$ | 176,1 | 150,8 | 124,9 | 108,285 | 83,25 |
| $\eta$ | 87,0 | 84,7 | 81,75 | 78,6 | 71,52 |
| $d$ | 2,44 | 4,74 | 7,69 | 10,84 | 17,92 |

### 400 kW　　　$\eta = 92{,}53$

| $D$ | 27,33 | 21,865 | 17,565 | 15,325 | 12,895 |
|---|---|---|---|---|---|
| $E$ | 7,02 | 9,305 | 11,625 | 14,255 | 17,355 |
| $G$ | 4,32 | 9,07 | 11,345 | 13,33 | 13,53 |
| $V$ | 38,67 | 40,24 | 40,535 | 42,91 | 43,78 |
| $L$ | 383,0 | 319,2 | 255,4 | 212,8 | 148,96 |
| $L'$ | 421,67 | 359,44 | 295,94 | 255,71 | 192,74 |
| $\eta$ | 90,82 | 88,8 | 86,3 | 83,21 | 77,28 |
| $d$ | 1,71 | 3,73 | 6,23 | 9,32 | 15,25 |

### 1000 kW　　　$\eta = 94{,}40$

| $D$ | 51,725 | 41,850 | 34,04 | 29,98 | 25,60 |
|---|---|---|---|---|---|
| $E$ | 15,745 | 19,565 | 24,26 | 28,735 | 35,705 |
| $G$ | 11,005 | 18,92 | 25,49 | 26,06 | 26,03 |
| $V$ | 78,475 | 80,335 | 83,79 | 84,775 | 87,335 |
| $L$ | 957,5 | 798,0 | 638,0 | 532,0 | 372,4 |
| $L'$ | 1035,975 | 878,335 | 721,79 | 616,78 | 459,735 |
| $\eta$ | 92,43 | 90,85 | 88,39 | 86,26 | 81,0 |
| $d$ | 1,97 | 3,55 | 6,01 | 8,14 | 13,40 |

$$\text{2000 kW} \qquad \eta = 95{,}23$$

| $n$ | 225 | 187,5 | 150 | 125 | 87,5 |
|---|---|---|---|---|---|
| $D$ | 88,68 | 72,38 | 59,48 | 52,91 | 45,79 |
| $E$ | 25,975 | 33,04 | 41,575 | 49,88 | 63,555 |
| $G$ | 17,57 | 32,62 | 39,285 | 46,45 | 51,49 |
| $V$ | 132,225 | 138,04 | 140,34 | 149,24 | 160,835 |
| $L$ | 1915,0 | 1596,0 | 1276,0 | 1064,0 | 744,8 |
| $L'$ | 2047,2 | 1734,0 | 1416,34 | 1213,24 | 905,635 |
| $\eta$ | 93,54 | 92,04 | 90,09 | 87,7 | 82,25 |
| $d$ | 1,69 | 3,19 | 5,14 | 7,53 | 12,98 |

$$\text{3200 kW} \qquad \eta = 95{,}85$$

| | 225 | 187,5 | 150 | 125 | |
|---|---|---|---|---|---|
| $D$ | 122,96 | 100,00 | 81,71 | 72,24 | |
| $E$ | 34,225 | 47,08 | 66,375 | 82,91 | |
| $G$ | 25,385 | 43,74 | 64,965 | 74,355 | |
| $V$ | 132,57 | 190,82 | 213,05 | 229,505 | |
| $L$ | 3064,0 | 2554,0 | 2042,0 | 1702,0 | |
| $L'$ | 3246,6 | 2744,8 | 2255,0 | 1931,5 | |
| $\eta$ | 94,38 | 93,05 | 90,55 | 88,13 | |
| $d$ | 1,47 | 2,80 | 5,30 | 7,72 | |

## 4. Scherbiuskaskade.

### Vollast, tiefste Drehzahl.

$A$ = Asynchrongenerator, sonstige Abkürzungen wie oben.

$$\text{160 kW} \qquad \eta = 89{,}44$$

| $n$ | 225 | 187,5 | 150 | 125 | 87,5 |
|---|---|---|---|---|---|
| $D$ | | 11,675 | 9,63 | 8,085 | 6,445 |
| $E$ | | 6,93 | 8,855 | 10,20 | 12,675 |
| $G$ | | 4,865 | 6,94 | 7,71 | 9,11 |
| $A$ | | 2,47 | 3,955 | 4,505 | 5,77 |
| $V$ | | 25,94 | 29,38 | 30,50 | 34,00 |
| $L$ | | 127,7 | 102,1 | 85,1 | 59,55 |
| $L'$ | | 153,64 | 131,48 | 115,6 | 93,55 |
| $\eta$ | | 83,1 | 77,7 | 73,6 | 63,65 |
| $d$ | | 6,34 | 11,74 | 15,84 | 25,79 |

$$\text{400 kW} \qquad \eta = 92{,}53$$

| | 225 | 187,5 | 150 | 125 | 87,5 |
|---|---|---|---|---|---|
| $D$ | 27,33 | 21,865 | 17,565 | 14,78 | 12,18 |
| $E$ | 7,355 | 11,005 | 14,62 | 17,88 | 22,04 |
| $G$ | 4,335 | 8,52 | 14,23 | 17,81 | 19,31 |
| $A$ | 2,07 | 4,82 | 7,73 | 10,90 | 13,37 |
| $V$ | 41,09 | 46,21 | 54,145 | 61,37 | 66,90 |
| $L$ | 383,0 | 319,2 | 255,4 | 212,8 | 148,96 |
| $L'$ | 424,1 | 365,4 | 309,55 | 274,17 | 215,86 |
| $\eta$ | 90,3 | 87,35 | 82,5 | 77,65 | 69,0 |
| $d$ | 2,23 | 5,18 | 10,03 | 14,88 | 23,53 |

### 1000 kW     $\eta = 94{,}40$

| $n$ | 225 | 187,5 | 150 | 125 | 87,5 |
|---|---|---|---|---|---|
| $D$ | 51,725 | 41,85 | 34,04 | 29,39 | 24,59 |
| $E$ | 16,48 | 23,055 | 31,60 | 36,46 | 46,43 |
| $G$ | 10,515 | 19,15 | 23,70 | 30,17 | 36,19 |
| $A$ | 4,61 | 13,27 | 18,07 | 20,80 | 27,67 |
| $V$ | 83,33 | 97,325 | 107,41 | 116,82 | 134,88 |
| $L$ | 957,5 | 798,0 | 638,0 | 532,0 | 372,4 |
| $L'$ | 1040,83 | 895,3 | 745,4 | 648,8 | 507,3 |
| $\eta$ | 92,0 | 89,13 | 85,6 | 82,0 | 73,4 |
| $d$ | 2,40 | 5,27 | 8,80 | 12,40 | 21,00 |

### 2000 kW     $\eta = 95{,}23$

| | 225 | 187,5 | 150 | 125 | 87,5 |
|---|---|---|---|---|---|
| $D$ | 88,68 | 72,38 | 59,48 | 52,91 | 44,63 |
| $E$ | 27,145 | 38,59 | 52,905 | 65,13 | 82,42 |
| $G$ | 16,46 | 29,24 | 47,615 | 58,10 | 79,31 |
| $A$ | 8,145 | 20,85 | 37,32 | 41,90 | 49,24 |
| $V$ | 140,43 | 161,06 | 197,32 | 218,04 | 255,60 |
| $L$ | 1915,0 | 1596,0 | 1276,0 | 1064,0 | 744,8 |
| $L'$ | 2055,4 | 1757,1 | 1473,3 | 1282,0 | 1000,4 |
| $\eta$ | 93,17 | 90,83 | 86,6 | 83,0 | 74,45 |
| $d$ | 2,06 | 4,40 | 8,63 | 12,23 | 20,78 |

### 3200 kW     $\eta = 95{,}85$

| | 225 | 187,5 | 150 | 125 | |
|---|---|---|---|---|---|
| $D$ | 122,96 | 100,00 | 81,71 | 72,24 | |
| $E$ | 35,65 | 53,87 | 79,78 | 101,20 | |
| $G$ | 21,53 | 46,30 | 76,90 | 95,69 | |
| $A$ | 14,53 | 36,88 | 48,02 | 60,53 | |
| $V$ | 194,67 | 237,05 | 286,41 | 329,66 | |
| $L$ | 3064,0 | 2554,0 | 2042,0 | 1702,0 | |
| $L'$ | 3258,7 | 2791,0 | 2328,4 | 2031,7 | |
| $\eta$ | 94,0 | 91,5 | 87,7 | 83,8 | |
| $d$ | 1,85 | 4,35 | 8,15 | 12,05 | |

## 5. Einankerumformer mit Gleichstrommotor für konstante Leistung.

### a) Halb- und Vollast, tiefste Drehzahl.

$T$ = Transformator, $M$ = Anwurfmotor, sonstige Abkürzungen wie oben.

### 160 kW

| $n$ | 225 | | 150 | | 87,5 | |
|---|---|---|---|---|---|---|
| Last | $^1/_1$ | $^1/_2$ | $^1/_1$ | $^1/_2$ | $^1/_1$ | $^1/_2$ |
| $G$ | 18,88 | 10,97 | 21,05 | 11,91 | 24,49 | 11,97 |
| $E$ | 12,43 | 9,175 | 12,49 | 9,19 | 12,63 | 9,23 |
| $T$ | 4,86 | 2,235 | 4,90 | 2,22 | 5,02 | 2,22 |
| $V$ | 36,17 | 22,38 | 38,44 | 23,32 | 42,14 | 23,42 |
| $L$ | 160,0 | 80,0 | 160,0 | 80,0 | 160,0 | 80,0 |
| $L'$ | 196,17 | 102,38 | 198,44 | 103,32 | 202,14 | 103,42 |
| $\eta$ | 81,6 | 78,15 | 80,62 | 77,45 | 79,18 | 77,35 |

### 400 kW

| $n$ | 225 | | 150 | | 87,5 | |
|---|---|---|---|---|---|---|
| Last | $^1/_1$ | $^1/_2$ | $^1/_1$ | $^1/_2$ | $^1/_1$ | $^1/_2$ |
| $G$ | 35,36 | 20,92 | 37,77 | 21,27 | 45,74 | 24,485 |
| $E$ | 22,86 | 18,285 | 22,88 | 18,29 | 23,28 | 18,47 |
| $T$ | 9,90 | 4,525 | 9,95 | 4,515 | 10,12 | 4,515 |
| $V$ | 68,12 | 43,73 | 70,6 | 44,075 | 79,14 | 47,47 |
| $L$ | 400,0 | 200,0 | 400,0 | 200,0 | 400,0 | 200,0 |
| $L'$ | 468,12 | 243,73 | 470,6 | 244,075 | 479,14 | 247,47 |
| $\eta$ | 85,46 | 82,06 | 85,0 | 81,95 | 83,5 | 80,83 |

### 1000 kW

| | 225 | | 150 | | 87,5 | |
|---|---|---|---|---|---|---|
| $G$ | 69,21 | 46,82 | 72,14 | 45,85 | 80,66 | 47,09 |
| $E$ | 45,49 | 36,77 | 47,10 | 37,33 | 47,22 | 37,365 |
| $T$ | 18,25 | 8,58 | 18,33 | 8,57 | 18,44 | 8,525 |
| $V$ | 132,95 | 92,17 | 137,57 | 91,75 | 146,32 | 92,98 |
| $L$ | 1000,0 | 500,0 | 1000,0 | 500,0 | 1000,0 | 500,0 |
| $L'$ | 1132,95 | 592,17 | 1137,57 | 591,75 | 1146,3 | 593,0 |
| $\eta$ | 88,27 | 84,44 | 87,9 | 84,5 | 87,24 | 84,32 |

### 2000 kW

| | 225 | | 150 | | 87,5 | |
|---|---|---|---|---|---|---|
| $G$ | 119,68 | 86,90 | 120,92 | 79,065 | 130,74 | 80,955 |
| $E$ | 90,43 | 71,34 | 93,20 | 72,74 | 93,34 | 72,785 |
| $T$ | 28,80 | 13,39 | 28,82 | 13,31 | 28,90 | 13,26 |
| $V$ | 238,91 | 171,63 | 242,94 | 165,115 | 252,98 | 167,0 |
| $L$ | 2000,0 | 1000,0 | 2000,0 | 1000,0 | 2000,0 | 1000,0 |
| $L'$ | 2238,9 | 1171,63 | 2242,94 | 1165,1 | 2253,0 | 1167,0 |
| $\eta$ | 89,34 | 85,36 | 89,18 | 85,82 | 88,78 | 85,7 |

### 3200 kW

| | 225 | | 150 | | 87,5 | |
|---|---|---|---|---|---|---|
| $G$ | 168,53 | 124,30 | 179,95 | 127,35 | 182,10 | 124,35 |
| $E$ | 155,30 | 124,37 | 155,59 | 124,45 | 155,59 | 124,45 |
| $T$ | 38,86 | 17,74 | 38,90 | 17,72 | 38,91 | 17,69 |
| $M$ | 1,20 | 1,20 | 1,20 | 1,20 | 1,20 | 1,20 |
| $V$ | 363,89 | 267,61 | 375,64 | 270,72 | 377,80 | 267,96 |
| $L$ | 3200,0 | 1600,0 | 3200,0 | 1600,0 | 3200,0 | 1600,0 |
| $L'$ | 3563,9 | 1867,6 | 3575,64 | 1870,7 | 3577,8 | 1867,7 |
| $\eta$ | 89,80 | 85,69 | 89,50 | 85,54 | 89,45 | 85,67 |

### b) Halb- und Vollast, höchste Drehzahl.

### 160 kW

| $n$ | 225 | | 150 | | 87,5 | |
|---|---|---|---|---|---|---|
| Last | $^1/_1$ | $^1/_2$ | $^1/_1$ | $^1/_2$ | $^1/_1$ | $^1/_2$ |
| $G$ | 18,46 | 10,55 | 18,55 | 9,41 | 23,35 | 10,83 |
| $E$ | 12,43 | 9,175 | 12,49 | 9,19 | 12,63 | 9,23 |
| $T$ | 4,86 | 2,235 | 4,905 | 2,23 | 5,12 | 2,27 |
| $V$ | 35,75 | 21,96 | 35,945 | 20,83 | 41,10 | 22,33 |
| $L$ | 160,0 | 80,0 | 160,0 | 80,0 | 160,0 | 80,0 |
| $L'$ | 195,75 | 101,96 | 195,945 | 100,85 | 201,1 | 102,33 |
| $\eta$ | 81,74 | 78,46 | 81,65 | 79,32 | 79,57 | 78,2 |

### 400 kW

| $n$ | 225 | | 150 | | 87,5 | |
|---|---|---|---|---|---|---|
| Last | $^1/_1$ | $^1/_2$ | $^1/_1$ | $^1/_2$ | $^1/_1$ | $^1/_2$ |
| $G$ | 34,84 | 20,40 | 36,065 | 19,565 | 45,885 | 24,63 |
| $E$ | 22,86 | 18,285 | 22,88 | 18,29 | 23,275 | 18,47 |
| $T$ | 9,90 | 4,525 | 9,98 | 4,535 | 10,33 | 4,63 |
| $V$ | 67,60 | 43,21 | 68,925 | 42,39 | 79,49 | 47,73 |
| $L$ | 400,0 | 200,0 | 400,0 | 200,0 | 400,0 | 200,0 |
| $L'$ | 467,6 | 243,2 | 468,925 | 242,4 | 479,5 | 247,73 |
| $\eta$ | 85,54 | 82,25 | 85,31 | 82,53 | 83,42 | 80,72 |

### 1000 kW

| | 225 | | 150 | | 87,5 | |
|---|---|---|---|---|---|---|
| $G$ | 68,38 | 45,99 | 70,62 | 44,33 | 89,40 | 55,83 |
| $E$ | 45,49 | 36,77 | 47,10 | 37,33 | 47,22 | 37,365 |
| $T$ | 18,25 | 8,58 | 18,41 | 8,61 | 18,91 | 8,77 |
| $V$ | 132,12 | 91,34 | 136,13 | 90,27 | 155,53 | 101,965 |
| $L$ | 1000,0 | 500,0 | 1000.0 | 500,0 | 1000,0 | 500,0 |
| $L'$ | 1132,1 | 591,34 | 1136,13 | 590,27 | 1155,53 | 601,965 |
| $\eta$ | 88,33 | 84,56 | 88,02 | 84,7 | 86,55 | 83,06 |

### 2000 kW

| | 225 | | 150 | | 87,5 | |
|---|---|---|---|---|---|---|
| $G$ | 118,95 | 86,17 | 126,01 | 84,155 | 157,31 | 107,525 |
| $E$ | 90,43 | 71,34 | 93,20 | 72,74 | 93,34 | 72,785 |
| $T$ | 28,8 | 13,4 | 29,0 | 13,42 | 29,65 | 13,67 |
| $V$ | 238,18 | 170,91 | 248,21 | 170,315 | 280,3 | 193,98 |
| $L$ | 2000,0 | 1000,0 | 2000,0 | 1000,0 | 2000,0 | 1000,0 |
| $L'$ | 2238,18 | 1170,91 | 2248,2 | 1170,315 | 2280,3 | 1193,98 |
| $\eta$ | 89,35 | 85,42 | 88,96 | 85,45 | 87,7 | 83,77 |

### 3200 kW

| | 225 | | 150 | | 87,5 | |
|---|---|---|---|---|---|---|
| $G$ | 168,48 | 124,25 | 188,41 | 135,81 | 198,82 | 141,07 |
| $E$ | 155,30 | 124,37 | 155,59 | 124,45 | 155,59 | 124,45 |
| $T$ | 38,87 | 17,75 | 39,10 | 17,87 | 39,32 | 17,92 |
| $M$ | 1,20 | 1,20 | 1,20 | 1,20 | 1,20 | 1,20 |
| $V$ | 363,85 | 267,57 | 384,30 | 279,33 | 394,93 | 284,64 |
| $L$ | 3200,0 | 1600,0 | 3200,0 | 1600,0 | 3200,0 | 1600,0 |
| $L'$ | 3563,85 | 1867,57 | 3584,3 | 1879,33 | 3594,93 | 1884,64 |
| $\eta$ | 89,8 | 85,68 | 89,29 | 85,15 | 89,02 | 84,91 |

## 6. Einankerumformer mit Gleichstrommotor für konstantes Drehmoment.

### Vollast, tiefste Drehzahl.

### 160 kW

| $n$ | 225 | 150 | 87,5 |
|---|---|---|---|
| $G$ | 18,02 | 13,845 | 10,07 |
| $E$ | 12,06 | 9,87 | 8,62 |
| $T$ | 4,56 | 2,765 | 1,83 |
| $V$ | 34,64 | 26,48 | 20,52 |
| $L$ | 153,2 | 102,1 | 59,55 |
| $L'$ | 187,84 | 128,58 | 80,07 |
| $\eta$ | 81,55 | 79,4 | 74,4 |

### 400 kW

| $n$ | 225 | 150 | 87,5 |
|---|---|---|---|
| $G$ | 33,78 | 24,78 | 21,22 |
| $E$ | 22,375 | 19,305 | 17,565 |
| $T$ | 9,295 | 5,645 | 3,705 |
| $V$ | 65,45 | 49,73 | 42,49 |
| $L$ | 383,0 | 255,4 | 148,96 |
| $L'$ | 448,45 | 305,13 | 191,45 |
| $\eta$ | 85,43 | 83,7 | 77,8 |

### 1000 kW

| $G$ | 66,785 | 51,5 | 41,905 |
|---|---|---|---|
| $E$ | 44,57 | 39,6 | 35,625 |
| $T$ | 17,155 | 10,61 | 7,07 |
| $V$ | 128,51 | 101,71 | 84,6 |
| $L$ | 957,5 | 638,0 | 372,4 |
| $L'$ | 1086,01 | 739,71 | 457,0 |
| $\eta$ | 88,17 | 86,25 | 81,47 |

### 2000 kW

| $G$ | 116,13 | 88,09 | 73,15 |
|---|---|---|---|
| $E$ | 88,42 | 77,515 | 69,26 |
| $T$ | 27,10 | 16,545 | 10,93 |
| $V$ | 231,65 | 182,15 | 153,34 |
| $L$ | 1915,0 | 1276,0 | 744,8 |
| $L'$ | 2146,65 | 1458,15 | 898,14 |
| $\eta$ | 89,22 | 87,5 | 82,92 |

### 3200 kW

| $G$ | 163,75 | 138,65 | 124,87 |
|---|---|---|---|
| $E$ | 152,05 | 131,68 | 126,21 |
| $T$ | 36,45 | 22,19 | 18,6 |
| $M$ | 1,20 | 1,20 | 1,20 |
| $V$ | 353,45 | 293,72 | 270,88 |
| $L$ | 3064,0 | 2042,0 | 1702,0 |
| $L'$ | 3417,45 | 2335,72 | 1972,88 |
| $\eta$ | 89,66 | 87,44 | 86,28 |

## 7. Krämerkaskade für Ventilator- und Pumpenantrieb.

Vollast, tiefste Drehzahl.

Abkürzungen wie oben.

### 160 kW

| $n$ | 225 | 187,5 | 150 | 125 | 87,5 |
|---|---|---|---|---|---|
| $D$ | 14,21 | 9,08 | 6,15 | 5,92 | 5,61 |
| $E$ | 4,26 | 4,61 | 5,80 | 7,03 | 9,17 |
| $G$ | 2,04 | 2,56 | 3,09 | 3,82 | 4,55 |
| $V$ | 20,51 | 16,25 | 15,04 | 16,77 | 19,33 |
| $L$ | 140,4 | 81,3 | 41,70 | 24,13 | 8,25 |
| $L'$ | 160,91 | 97,55 | 56,74 | 40,9 | 27,58 |
| $\eta$ | 87,26 | 83,33 | 73,5 | 59,04 | 29,9 |

### 400 kW

| $n$ | 225 | 187,5 | 150 | 125 | 87,5 |
|---|---|---|---|---|---|
| $D$ | 24,54 | 15,37 | 11,25 | 10,85 | 10,43 |
| $E$ | 6,45 | 7,24 | 9,69 | 13,72 | 15,45 |
| $G$ | 3,87 | 5,01 | 7,57 | 9,23 | 10,77 |
| $V$ | 34,86 | 27,62 | 28,51 | 33,8 | 36,65 |
| $L$ | 351,0 | 203,2 | 104,25 | 60,3 | 20,63 |
| $L'$ | 385,86 | 230,82 | 132,76 | 94,1 | 57,28 |
| $\eta$ | 90,97 | 88,05 | 78,53 | 64,1 | 36,0 |

### 1000 kW

| | | | | | |
|---|---|---|---|---|---|
| $D$ | 46,70 | 33,02 | 23,00 | 22,73 | 21,27 |
| $E$ | 14,44 | 15,49 | 19,27 | 29,86 | 31,86 |
| $G$ | 9,91 | 13,30 | 18,81 | 21,09 | 21,23 |
| $V$ | 71,05 | 61,81 | 61,08 | 73,68 | 74,36 |
| $L$ | 878,0 | 508,0 | 260,5 | 150,8 | 51,55 |
| $L'$ | 949,05 | 569,81 | 321,58 | 224,48 | 125,91 |
| $\eta$ | 92,52 | 89,16 | 81,0 | 67,14 | 41,0 |

### 2000 kW

| | | | | | |
|---|---|---|---|---|---|
| $D$ | 81,08 | 53,25 | 41,93 | 40,76 | 38,84 |
| $E$ | 23,92 | 26,77 | 34,24 | 52,32 | 58,00 |
| $G$ | 16,00 | 21,43 | 28,86 | 39,68 | 44,11 |
| $V$ | 121,0 | 101,45 | 105,03 | 132,76 | 140,95 |
| $L$ | 1756,0 | 1016,0 | 521,0 | 301,6 | 103,1 |
| $L'$ | 1877,0 | 1117,45 | 626,03 | 434,36 | 244,05 |
| $\eta$ | 93,55 | 90,92 | 83,23 | 69,44 | 42,25 |

### 3200 kW

| | | | | | |
|---|---|---|---|---|---|
| $D$ | 112,45 | 83,64 | 57,67 | 53,86 | |
| $E$ | 31,70 | 47,38 | 57,76 | 74,25 | |
| $G$ | 23,31 | 42,20 | 51,23 | 60,42 | |
| $V$ | 167,46 | 173,22 | 166,66 | 188,53 | |
| $L$ | 2808,0 | 1625,0 | 834,0 | 482,5 | |
| $L'$ | 2975,46 | 1798,22 | 1000,66 | 671,03 | |
| $\eta$ | 94,37 | 90,37 | 83,33 | 71,9 | |

## 8. Scherbiuskaskade für Ventilator- und Pumpenantrieb.

### Vollast, tiefste Drehzahl.
### Abkürzungen wie oben.

### 160 kW

| $n$ | 225 | 187,5 | 150 | 125 | 87,5 |
|---|---|---|---|---|---|
| $D$ | | 9,36 | 7,22 | 6,43 | 5,80 |
| $E$ | | 5,70 | 7,00 | 8,22 | 10,52 |
| $G$ | | 4,01 | 5,48 | 6,09 | 7,56 |
| $A$ | | 2,00 | 2,30 | 2,81 | 3,41 |
| $V$ | | 21,07 | 22,00 | 23,55 | 27,29 |
| $L$ | | 81,30 | 41,70 | 24,13 | 8,25 |
| $L'$ | | 102,37 | 63,70 | 47,68 | 35,54 |
| $\eta$ | | 79,35 | 65,45 | 50,6 | 23,2 |

### 400 kW

| $n$ | 225 | 187,5 | 150 | 125 | 87.5 |
|---|---|---|---|---|---|
| $D$ | 26,02 | 16,17 | 13,12 | 12,11 | 10,80 |
| $E$ | 6,85 | 8,54 | 11,05 | 14,23 | 17,60 |
| $G$ | 4,03 | 7,31 | 10,76 | 13,14 | 15,40 |
| $A$ | 1,98 | 3,23 | 4,82 | 5,74 | 6,51 |
| $V$ | 38,88 | 35,25 | 39,75 | 45,22 | 50,31 |
| $L$ | 351,0 | 203,2 | 104,25 | 60,3 | 20,63 |
| $L'$ | 389,88 | 238,45 | 144,0 | 105,52 | 70,94 |
| $\eta$ | 90,02 | 85,3 | 72,4 | 57,2 | 29,1 |

### 1000 kW

| | 225 | 187,5 | 150 | 125 | 87.5 |
|---|---|---|---|---|---|
| $D$ | 49,10 | 32,35 | 26,48 | 24,12 | 21,92 |
| $E$ | 15,41 | 18,64 | 23,60 | 30,07 | 36,38 |
| $G$ | 9,83 | 12,77 | 16,53 | 25,13 | 28,20 |
| $A$ | 4,43 | 8,07 | 11,14 | 13,70 | 15,95 |
| $V$ | 78,77 | 71,83 | 77,75 | 93,02 | 102,45 |
| $L$ | 878,0 | 508,0 | 260,5 | 150,8 | 51,55 |
| $L'$ | 956,77 | 579,83 | 338,25 | 243,82 | 154,0 |
| $\eta$ | 91,76 | 87,82 | 77,0 | 61,83 | 33,5 |

### 2000 kW

| | 225 | 187,5 | 150 | 125 | 87.5 |
|---|---|---|---|---|---|
| $D$ | 84,65 | 55,28 | 47,18 | 45,33 | 39,83 |
| $E$ | 25,32 | 31,47 | 39,53 | 54,16 | 63,01 |
| $G$ | 15,31 | 22,25 | 35,63 | 51,52 | 60,62 |
| $A$ | 7,72 | 14,40 | 24,37 | 26,07 | 27,45 |
| $V$ | 133,0 | 123,4 | 146,71 | 177,08 | 190,91 |
| $L$ | 1756,0 | 1016,0 | 521,0 | 301,6 | 103,1 |
| $L'$ | 1889,0 | 1139,4 | 667,71 | 478,68 | 294,0 |
| $\eta$ | 92,96 | 89,17 | 78,07 | 63,0 | 35,1 |

### 3200 kW

| | 225 | 187,5 | 150 | 125 | |
|---|---|---|---|---|---|
| $D$ | 117,30 | 89,84 | 65,92 | 53,97 | |
| $E$ | 33,35 | 57,76 | 63,86 | 80,03 | |
| $G$ | 20,15 | 53,05 | 62,54 | 75,63 | |
| $A$ | 14,04 | 28,35 | 32,08 | 33,57 | |
| $V$ | 184,84 | 229,0 | 224,4 | 243,20 | |
| $L$ | 2808,0 | 1625,0 | 834,0 | 482,5 | |
| $L'$ | 2992,84 | 1854,0 | 1058,4 | 725,7 | |
| $\eta$ | 93,81 | 87,65 | 78,8 | 66,5 | |

## 9. Widerstandsregelung für Ventilator- und Pumpenantrieb.

Abkürzungen wie oben.

### 160 kW

| $n$ | 225 | 187,5 | 150 | 125 | 87,5 |
|---|---|---|---|---|---|
| $LV$ | 4,23 | 4,153 | 4,162 | 4,204 | 4,331 |
| $KV$ | 23,09 | 40,45 | 45,89 | 45,44 | 42,775 |
| $V$ | 27,32 | 44,603 | 50,052 | 49,644 | 47,106 |
| $L$ | 140,4 | 81,3 | 41,7 | 24,13 | 8,25 |
| $L'$ | 167,72 | 125,9 | 91,752 | 73,774 | 55,356 |
| $\eta$ | 83,73 | 64,6 | 45,45 | 32,7 | 14,9 |

### 400 kW

| $n$ | 225 | 187,5 | 150 | 125 | 87,5 |
|---|---|---|---|---|---|
| $LV$ | 8,89 | 8,66 | 8,63 | 8,70 | 8,96 |
| $KV$ | 51,41 | 96,84 | 112,54 | 111,0 | 105,44 |
| $V$ | 60,30 | 105,50 | 121,17 | 119,7 | 114,40 |
| $L$ | 351,0 | 203,2 | 104,25 | 60,3 | 20,63 |
| $L'$ | 411,3 | 308,7 | 225,42 | 180,0 | 135,03 |
| $\eta$ | 85,34 | 65,8 | 46,2 | 33,5 | 15,28 |

### 1000 kW

| | 225 | 187,5 | 150 | 125 | 87,5 |
|---|---|---|---|---|---|
| $LV$ | 19,86 | 19,09 | 18,75 | 18,71 | 18,99 |
| $KV$ | 119,14 | 235,31 | 278,72 | 278,27 | 262,47 |
| $V$ | 139,0 | 254,4 | 297,47 | 296,98 | 281,46 |
| $L$ | 878,0 | 508,0 | 260,5 | 150,8 | 51,55 |
| $L'$ | 1017,0 | 762,4 | 557,97 | 447,78 | 333,0 |
| $\eta$ | 86,33 | 66,63 | 46,65 | 33,7 | 15,48 |

### 2000 kW

| | 225 | 187,5 | 150 | 125 | 87,5 |
|---|---|---|---|---|---|
| $LV$ | 37,88 | 36,24 | 35,43 | 35,25 | 35,62 |
| $KV$ | 230,48 | 462,86 | 555,07 | 550,15 | 523,38 |
| $V$ | 268,36 | 499,1 | 590,5 | 585,4 | 559,0 |
| $L$ | 1756,0 | 1016,0 | 521,0 | 301,6 | 103,1 |
| $L'$ | 2024,36 | 1515,1 | 1111,5 | 887,0 | 662,1 |
| $\eta$ | 86,74 | 67,06 | 46,9 | 34,0 | 15,58 |

### 3200 kW

| | 225 | 187,5 | 150 | 125 | 87,5 |
|---|---|---|---|---|---|
| $LV$ | 53,74 | 50,80 | 49,06 | 48,43 | 48,44 |
| $KV$ | 363,0 | 744,1 | 887,07 | 881,07 | 836,56 |
| $V$ | 416,74 | 794,9 | 936,13 | 929,5 | 885,0 |
| $L$ | 2808,0 | 1625,0 | 834,0 | 482,5 | 165,0 |
| $L'$ | 3224,74 | 2419,9 | 1770,13 | 1412,0 | 1050,0 |
| $\eta$ | 87,08 | 67,15 | 47,1 | 34,17 | 15,7 |

## 10. Einankerumformer mit Gleichstrommotor für Ventilator- und Pumpenantrieb.

Vollast, tiefste Drehzahl.

Abkürzungen wie oben.

| | 160 kW | | | 400 kW | | |
|---|---|---|---|---|---|---|
| $n$ | 225 | 150 | 87,5 | 225 | 150 | 87,5 |
| $G$ | 16,47 | 9,59 | 7,61 | 30,96 | 17,08 | 16,91 |
| $E$ | 11,46 | 8,27 | 7,82 | 21,52 | 16,90 | 16,04 |
| $T$ | 4,04 | 1,54 | 1,32 | 8,22 | 3,10 | 2,62 |
| $V$ | 31,97 | 19,40 | 16,75 | 60,70 | 37,08 | 35,57 |
| $L$ | 140,4 | 41,7 | 8,25 | 351,0 | 104,25 | 20,63 |
| $L'$ | 172,37 | 61,1 | 25,0 | 411,7 | 141,33 | 56,2 |
| $\eta$ | 81,48 | 68,23 | 33,0 | 85,26 | 73,8 | 36,75 |

 Tabellen zur Verlustberechnung gemäß Abschnitt D.

| | 1000 kW | | | 2000 kW | | |
|---|---|---|---|---|---|---|
| $n$ | 225 | 150 | 87,5 | 225 | 150 | 87,5 |
| $G$ | 62,40 | 39,01 | 34,92 | 109,74 | 68,00 | 62,36 |
| $E$ | 42,93 | 34,27 | 32,47 | 84,79 | 66,42 | 62,74 |
| $T$ | 15,20 | 5,95 | 5,08 | 23,92 | 9,13 | 7,76 |
| $V$ | 120,53 | 79,23 | 72,47 | 218,45 | 143,55 | 132,86 |
| $L$ | 878,0 | 260,5 | 51,55 | 1756,0 | 521,0 | 103,1 |
| $L'$ | 998,53 | 339,73 | 124,02 | 1974,45 | 664,55 | 235,96 |
| $\eta$ | 87,94 | 76,7 | 41,55 | 88,94 | 78,4 | 43,7 |

| | 3200 kW | | |
|---|---|---|---|
| $n$ | 225 | 150 | 125 |
| $G$ | 155,16 | 113,58 | 105,19 |
| $E$ | 146,17 | 115,40 | 112,52 |
| $T$ | 32,17 | 11,87 | 10,56 |
| $M$ | 1,20 | 1,20 | 1,20 |
| $V$ | 334,70 | 242,05 | 229,47 |
| $L$ | 2808,0 | 834,0 | 482,5 |
| $L'$ | 3142,7 | 1076,05 | 711,97 |
| $\eta$ | 89,35 | 77,53 | 67,8 |

**Der Drehstrommotor.** Ein Handbuch für Studium und Praxis. Von Prof. **Julius Heubach**, Direktor der Elektromotorenwerke Heidenau, G. m. b. H. Zweite, verbesserte Auflage. Mit 222 Abbildungen. XII, 599 Seiten. 1923.
Gebunden RM 20.—

**Die asynchronen Drehstrommotoren und ihre Verwendungsmöglichkeiten.** Von **Jakob Ippen**, Betriebsingenieur. Mit 67 Textabbildungen. VII, 90 Seiten. 1924. RM 3.60

**Die Elektromotoren in ihrer Wirkungsweise und Anwendung.** Ein Hilfsbuch für die Auswahl und Durchbildung elektromotorischer Antriebe. Von **Karl Meller**, Oberingenieur. Zweite, vermehrte und verbesserte Auflage. Mit 153 Textabbildungen. VII, 160 Seiten. 1923.
RM 4.60; gebunden RM 5.40

**Die Asynchronmotoren** und ihre Berechnung. Von Oberingenieur **Erich Rummel**, Strelitz i. Mecklb. Mit 39 Textabbildungen und 2 Tafeln. IV, 108 Seiten. 1926. RM 5.10; gebunden RM 6.30

**Die asynchronen Wechselfeldmotoren.** Kommutator- und Induktionsmotoren. Von Prof. Dr. **Gustav Benischke.** Mit 89 Abbildungen im Text. IV, 114 Seiten. 1920. RM 4.20

**Die Elektrotechnik und die elektromotorischen Antriebe.** Ein elementares Lehrbuch für technische Lehranstalten und zum Selbstunterricht. Von Dipl.-Ing. **Wilhelm Lehmann.** Mit 520 Textabbildungen und 116 Beispielen. VI, 452 Seiten. 1922. Gebunden RM 9.—

**Anlaß- und Regelwiderstände.** Grundlagen und Anleitung zur Berechnung von elektrischen Widerständen. Von **Erich Jasse.** Zweite, verbesserte und erweiterte Auflage. Mit 69 Textabbildungen. VII, 177 Seiten. 1924. RM 6.—; gebunden RM 6.80

**Elektromaschinenbau.** Berechnung elektrischer Maschinen in Theorie und Praxis. Von Dr.-Ing. **P. B. Arthur Linker,** Hannover. Mit 128 Textfiguren und 14 Anlagen. VIII, 304 Seiten. 1925. Gebunden RM 24.—

**Elektrische Maschinen.** Von Prof. **Rudolf Richter**, Direktor des Elektrotechnischen Instituts Karlsruhe. In zwei Bänden.

Erster Band: **Allgemeine Berechnungselemente. Die Gleichstrommaschinen.** Mit 453 Textabbildungen. X, 630 Seiten. 1924.
Gebunden RM 27.—